JN038599

HOW TO ENJOY HIGH SCHOOL PHYSICS

入試問題で味わう東大物理

三澤信也 著
MISAWA SHINYA

はじめに

「東大の物理の入試問題はとても面白い！」というのが，たくさんの物理の問題を解いてきた筆者の率直な感想です。東大入試にみられる特徴の１つは，公式の暗記だけでは通用しない問題が多いことです。深い思考力や洞察力を試そうとする姿勢が感じられます。そして，もう１つは，取り上げている題材やテーマが面白いことです。筆者は，この点に特に魅力を感じます。

例えば，「飛行機の音を測定すると，どのくらいの高度を飛んでいるかわかる」とか，「積木崩しを成功させるのに必要な条件がある」といった身近に経験できる話題が取り上げられています。身近な道具を使って簡単に行える実験が登場することもあります。また，普通の人にとってブラックボックス化している電気回路の仕組み，太陽電池の仕組みといった話も出てきます。さらには，遠い宇宙の様子を知るための観測方法を考えることもあります。

このように，東大の入試問題には物理の面白さが満載されているのです。これを，受験生だけが受験のためだけに利用するのでは，あまりにもったいないと感じます。そこで，多くの人に東大物理の面白さを味わっていただきたい，という気持ちから本書を執筆しました。

このような趣旨から，本書は題材やテーマの面白さに焦点を当てて書いています。もちろん，内容を理解するためには問題を解く必要がありますので，その手順も丁寧（ていねい）に説明しています。数式も多く登場しますが，公式などを忘れていてもスムーズに読んでいただけるよう，可能な限り補足説明を加えました。ですので，物理を学ぶ高校生や大学生の皆さんはもちろんですが，かつて物理を勉強したけど忘れてしまったとか，物理はしっかり理解しないまま終わってしまったといった人にも，気楽に読んでいただけるものと思います。

本書を通して，物理の面白さや奥深さを知っていただけたら幸いです。

2020年10月

三澤　信也

目　次

第5章　光の奥深さを解き明かす

第6章　ミクロな世界を解き明かす

第7章　電気工学を確かめる

第 1 章

宇宙の秘密を解き明かす

1.1 スペースコロニーのつくり方

人類は，これまでに多くの探査機を宇宙へ送り出してきました。月や金星，火星など近くの衛星，惑星の探査を経て，太陽系外へ向けて探査機を飛ばし，宇宙についての理解を進めています。そして，将来は地球を離れて宇宙で暮らせるのではないか，という構想をしている研究者もいるそうです。

宇宙で暮らすといった場合，他の惑星へ移り住むことも考えられます。しかし，最適な環境が見つかるとは限りません。そこで登場するのが，宇宙空間にスペースコロニーをつくって，そこで暮らすという発想です。ただし，スペースコロニーの実現には多くの課題があります。**その1つが，重力です。**私たちは重力がある地球上で生活しています。重力がなく，ものがふわふわと漂っている無重力空間での生活を想像するのは，なかなか難しそうです。いったい，どうすればスペースコロニーで地球と同じように暮らすことができるのでしょう？

「**重力がないのなら，人工的に発生させよう**」というのが1つの答えです。大胆ですが，重力を作り出す方法は存在するのです。1998年（平成10年）の東大入試では，その方法を真面目に検討する問題が出題されました。まずは，問題の導入文を確認してみましょう。

Lead

図のように，無重力の宇宙空間に半径 R の巨大な円筒形の密閉容器（宇宙ステーション）が浮かんでいる。この内壁上で地球上と同じような生活を実現させるために，宇宙ステーションを円筒の中心軸の回りに一定の角速度 ω で回転させ，重力に相当する力を人工的に作り出す。円筒の内壁上には観測者S，円筒の外には静止している観測者Tがいるとする。なおここでは，図に描かれた面内で起こる運動のみを考える。また，観測者Sから見て内壁に沿う図中の矢印の方向を $+x$ 方向とせよ。

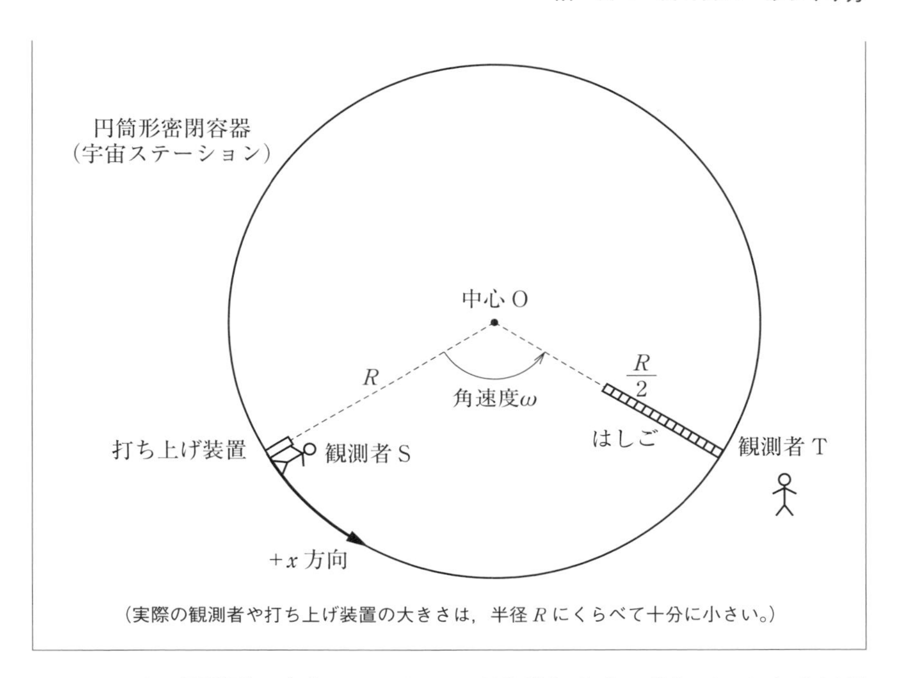

ここでは，円筒形の宇宙ステーションが登場します。そして，これを回転させることで重力を発生させようというのです。

どうして，宇宙ステーションを回転させると重力が生まれるのでしょう？　導入文では，人工的に「**重力に相当する力**」を作る，と表現されていますが，これは「**遠心力**」を示しています。宇宙空間でなく地球上でも，回転する乗り物に乗ると遠心力を感じますよね。宇宙ステーションでは，これを重力として利用しようというわけです。

それでは，回転によって発生する遠心力は，宇宙ステーション内にいる人にどのような影響を与えるのでしょう？　前半 I の設問を解くと，そのことが理解できるようになっています。

I　円筒の内壁上に立っている観測者 S がバネを持ち，物体 A をつり下げるとバネは L だけ伸びた。

(1)　観測者 S がそのまま内壁に対して一定の速さ v（>0）で $+x$ 方向に

運動したとき，バネの伸びはいくらになるか。

宇宙ステーションは角速度 ω で回転しています。すると，回転の中心Ｏから距離 R だけ離れている内壁上では，物体Ａの質量を m とすると，大きさ $mR\omega^2$ の遠心力が物体Ａにはたらくことになります。

つまり，物体Ａをつり下げたバネが長さ L だけ伸びたのは，遠心力のためです。遠心力がなければ，無重力状態の宇宙空間では何かをつり下げてもバネが伸びることはありません。すると，バネのバネ定数を k として，力のつり合いの式を次のように書くことができます。

$$kL = mR\omega^2 \quad \cdots\cdots \text{(a)}$$

そして，このように力がつり合った状態から，観測者Ｓが速さ v で $+x$ 方向へ運動するのです。

観測者Ｓが内壁に沿って動くと，回転の速さが変わります。速さ v は角速度では $\frac{v}{R}$ に相当するので，それだけ角速度が増すことになります。すると，遠心力も増加して $mR\left(\omega + \frac{v}{R}\right)^2$ となるので，バネの伸びは力のつり合いの式，

$$kL_1 = mR\left(\omega + \frac{v}{R}\right)^2 \quad \cdots\cdots \text{(b)}$$

が成り立つ L_1 へと変化するのです。そして，(a)式と(b)式から k を消去して整理すると，次のようにバネの伸び L_1 が求められます。

$$L_1 = L\left(1 + \frac{v}{R\omega}\right)^2 \quad \cdots\cdots \textbf{（答）}$$

ところで，このようなことは人工的なスペースコロニーだけで起こることではありません。私たちが暮らしている地球上でも，同じことが起こるのです。自転する地球上で暮らす私たちは，常に遠心力を受けています（ただし，

地球上での遠心力は重力を打ち消す向きに生じています)。

私たちが地球上で移動すると，角速度が変化して遠心力の大きさが変わります。**地球の自転と同じ向きに移動すれば遠心力は増し，逆向きに移動すれば遠心力は減少します。** 歩いたり走ったりする程度ではほとんど変化がありませんが，飛行機くらいになれば地球の自転と同じ向きに進むか逆向きに進むかで，遠心力の大きさはかなり変わってきます。旅客機の速さ（時速 900 km 程度）は地球の自転速度（時速 1,700 km 程度）の約半分ですから，その影響は大きいと考えられます。

続いて，設問 I (2)へ進みましょう。次は，回転半径が変わることに伴う遠心力の変化を考えます。

> (2)　観測者 S が物体 A をつるしたバネを持ち，内壁に垂直に立てたはしごを $\frac{R}{2}$ の高さまで登ったときのバネの伸びはいくらか。

回転の角速度は ω のまま変わりませんが，半径が $\frac{R}{2}$ に変わるので，遠心力は $m\frac{R}{2}\omega^2$ となります。すると，このときのバネの伸びを L_2 として，力のつり合いの式は次のように書けます。

$$kL_2 = m\frac{R}{2}\omega^2$$

さらに，これと(a)式を比較することで，L_2 は次のように求められます。

$$L_2 = \frac{L}{2} \quad \cdots\cdots \textbf{（答）}$$

つまり，半径を小さくすると遠心力が小さくなるので，バネの伸びも小さくなるのですね。

さて，この設問 I (2)で考えた現象も，地球上で起こることです。例えば，

高いビルや山に登れば回転半径が大きくなるので，遠心力が大きくなって重力が小さくなったように感じられます。設問Ⅰ(2)と同じように遠心力が小さくなるのは，地下深くに潜ったような場合です。

続く設問Ⅰ(3)では，宇宙ステーションの角速度をどれぐらいにすればよいのかを考えます。

(3)　地球上で同じバネに同じ物体Aをつるすと，バネは同じくLだけ伸びた。宇宙ステーションの角速度ωを地球上の重力加速度gを用いて表せ。

同じバネに同じ物体Aをつるしたとき，地球上と宇宙ステーションとではバネの伸びが等しくなるというのです。これは，地球の重力と宇宙ステーションの人工重力（遠心力）が等しくなったことを意味しています。これを式に表すと次のようになり，ωが求められます。

重力 mg＝ 遠心力 $mR\omega^2$　　$\therefore\ \omega=\sqrt{\dfrac{g}{R}}$　……（答）

つまり，宇宙ステーションをこの角速度で回転させれば，地球上と同じ大きさの人工重力を発生させられるというわけです。ただし，これは相当な速さです。半径Rの値によって変わりますが，例えば$R=100\ \mathrm{m}$とすると，次のように計算できます。

$$\omega=\sqrt{\frac{g}{R}}=\sqrt{\frac{9.8\ \mathrm{m/s^2}}{100\ \mathrm{m}}}\fallingdotseq 0.313\ \mathrm{rad/s}$$

Note

地球の重力加速度gは場所によって異なりますが，平均すると約$9.8\ \mathrm{m/s^2}$であることが知られています。

360°は2π rad なので，これは，およそ20秒で1回転する角速度です。そんなに速くないと感じるかもしれませんが，速さに換算するとどうでしょうか？　回転の速さは，次のように求められます。

$$R\omega = 100\ \mathrm{m} \times 0.313\ \mathrm{rad/s} = 31.3\ \mathrm{m/s} \fallingdotseq 113\ \mathrm{km/h}$$

時速100 kmを超えていますから，なかなかの高速ですね。

それでは，後半IIの設問へ進みましょう。

II　円筒の内壁に固定され回転の中心Oに向いている打ち上げ装置を使い，ボールを打ち上げ装置に対して速さuで打ち上げた。

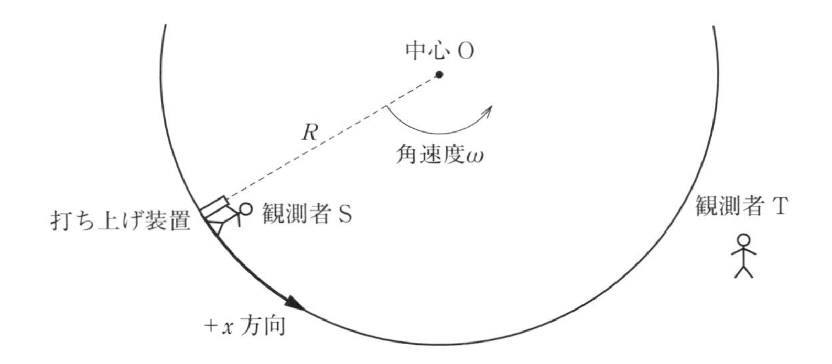

(1)　観測者Tが見るとこのボールはどのような運動をするか。理由をつけて答えよ。また，観測者Tから見たボールの初速度の大きさをω，R，uで表せ。

次は，宇宙ステーション内で真上に打ち上げたボールの運動を考えます。打ち上げられたボールが落下するまでにどのような運動をするのか，そして，どこへ落下するかを考えるのです。

この状況も，地球上の現象と対比して考えることができます。地球上で真上に物体を投げ上げると，どこへ着地するでしょうか？

「まっすぐ投げ上げれば，同じ場所へ戻ってくるに決まっているだろう」と思うかもしれませんが，正確には違います（人の力で投げ上げたくらいでは，はっきりした違いは確認できませんが……)。ポイントは，「真上に投げ上げる」というのは「地上の人から見て」真上に投げ上げるということで，「宇宙空間から見たら」そうではないということです。地上にある物体は，もともと地球の自転と同じ速度で運動しています。そこに上向きの速度が加わるので，結果として次のような速度を得ることになるのですね。

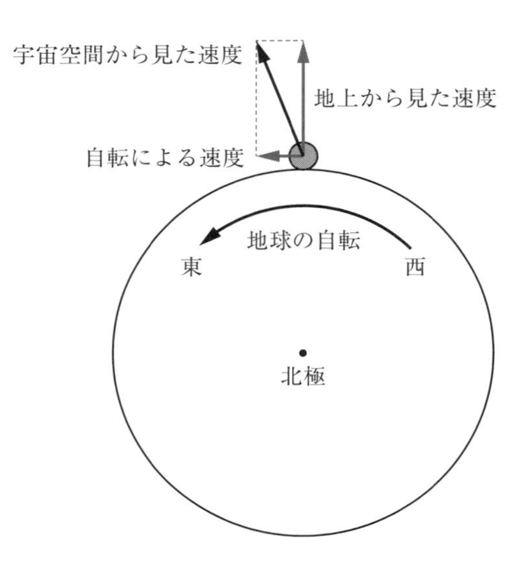

それでは，投げ上げ後はどうなるでしょう？

まず，投げ上げ地点は物体が着地するまでの間に東側へ移動します。また，物体も投げ上げ地点より東側へ着地します。この「東側への移動距離」が同じであれば，地上から見て「物体は投げ上げ地点へ戻ってきた」ということになります。**しかし，そうはならないのです。**なぜでしょうか？

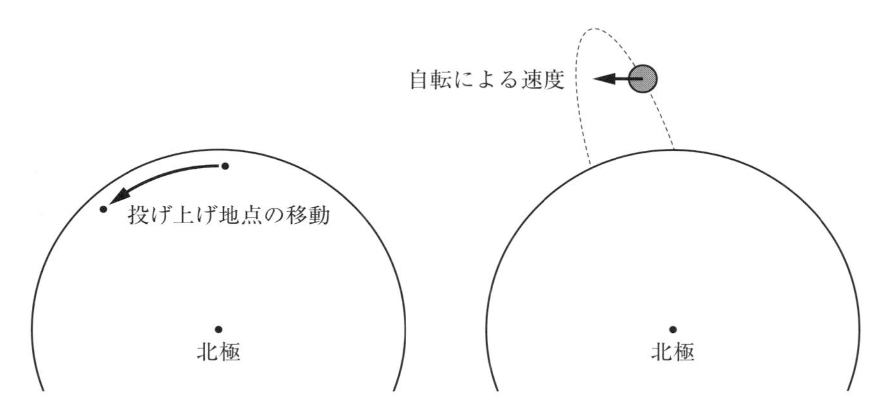

物体が投げ上げられてから着地するまでの間，物体の「自転方向の速度」は一定です。このとき，地面より上空の部分（地球の大気）も地球と一緒に自転していると考えます。

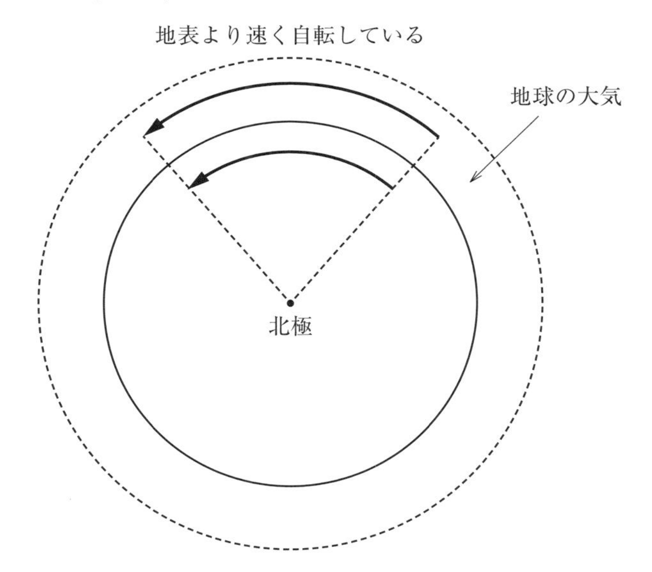

上空へ行くほど半径が大きいため，回転速度（半径と角速度の積）は大きくなります。すると，物体にとっては周囲（地球の大気）のほうが速く自転しているように見え，物体は周囲の自転についていけず，取り残されるかたちになるのです。その結果，地表へ戻ってきたときには，物体よりも地表（地球）のほうがたくさん移動（自転）していることになるのですね。

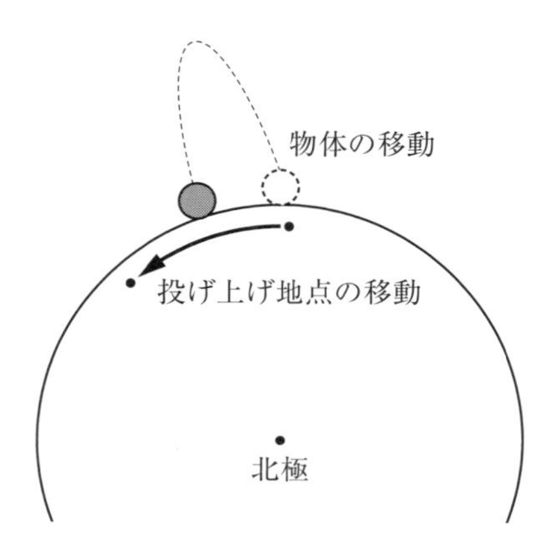

以上のことから，地表で物体をまっすぐ投げ上げると，わずかですが投げ上げ地点よりも西側へ着地することがわかります。つまり，自転と逆方向へですね。

それでは，宇宙ステーションの場合はどうなるのでしょう？

ここでもやはり，「宇宙空間から見た」ボールの速度を考えます。「打ち上げ装置に対して」真上に打ち上げられたボールの速度は，次のようになります。

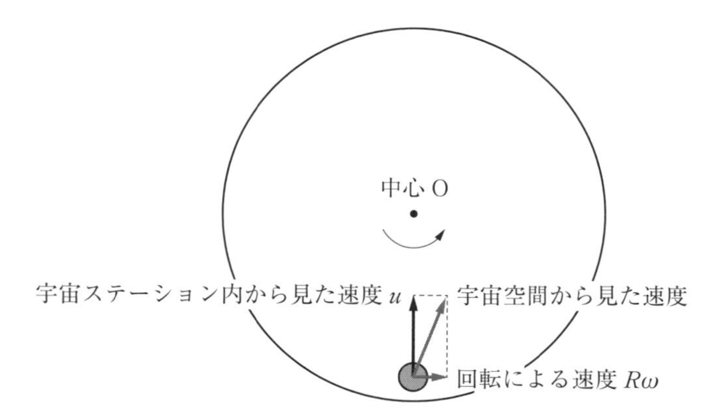

宇宙空間にいる観測者 T から見たボールの初速度は，三平方の定理から，

$$\sqrt{(R\omega)^2+u^2} \quad \cdots\cdots \text{（答）}$$

であるとわかります。そして，ボールはその後，「観測者 T（宇宙空間）から

は」**(答) 等速度運動**して見えるのです。それは，**(答) ボールには何も力がはたらかないから**です（遠心力は，宇宙ステーションと一緒に回転する立場でないと見えません）。

続く設問Ⅱ(2)，(3)を考えましょう。やはり，打ち上げ後のボールの運動を考える内容です。

(2)　このボールが打ち上げられてから宇宙ステーションの内壁に衝突するまでの時間 t_1 を求めよ。

(3)　打ち上げ装置から見て，このボールは内壁上のどの地点に落下するか。「同じ場所」，「$+x$ 方向に離れた場所」，「$-x$ 方向に離れた場所」，「これだけではわからない」の中から選び，そう判断した理由を述べよ。

ボールは等速度運動するので，宇宙ステーションの内壁へ衝突するまでに次のように $\dfrac{2Ru}{\sqrt{(R\omega)^2+u^2}}$ の距離だけ進みます。

Note

次の図から，

$$\cos\theta=\frac{u}{\sqrt{(R\omega)^2+u^2}} \qquad \therefore\ R\cos\theta=\frac{Ru}{\sqrt{(R\omega)^2+u^2}}$$

よって，進む距離の全長はこの 2 倍の $2R\cos\theta=\dfrac{2Ru}{\sqrt{(R\omega)^2+u^2}}$ です。

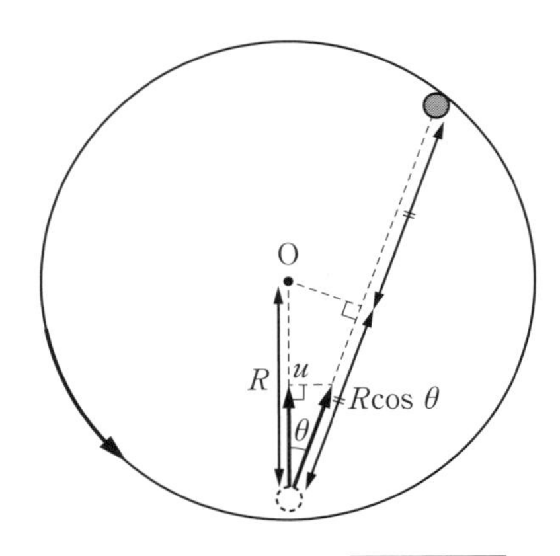

ボールはこれだけの距離を一定の速さ $\sqrt{(R\omega)^2+u^2}$ で運動して衝突するので，衝突までの時間 t_1は次のように求められます。

$$t_1=\frac{\dfrac{2Ru}{\sqrt{(R\omega)^2+u^2}}}{\sqrt{(R\omega)^2+u^2}}=\frac{2Ru}{(R\omega)^2+u^2}\quad\cdots\cdots\ \textbf{(答)}$$

さて，この時間 t_1 の間に打ち上げ装置（観測者 S）も宇宙ステーションの回転とともに移動していきます。そして，ボールが衝突するときには打ち上げ時とは別のところに位置するのです。

その移動距離を求めてみましょう。打ち上げ装置は宇宙ステーションとともに角速度 ω で回転します。つまり，時間 t_1 の間に距離 $R\omega t_1$ だけ進むのです。これに t_1 の値を代入して計算してみると，次のように表せます。

$$R\omega t_1=\frac{R\omega\times 2Ru}{(R\omega)^2+u^2}=\frac{R\omega}{\sqrt{(R\omega)^2+u^2}}\times\frac{2Ru}{\sqrt{(R\omega)^2+u^2}}$$

ここで，$\dfrac{2Ru}{\sqrt{(R\omega)^2+u^2}}$ は打ち上げられたボールが衝突までに進む直線距離です。それに $\dfrac{R\omega}{\sqrt{(R\omega)^2+u^2}}$ を掛けた値になっているのですが，分母と分子の比較から，次のことは明らかでしょう。

$$\frac{R\omega}{\sqrt{(R\omega)^2+u^2}}<1$$

つまり，打ち上げ装置は（宇宙から見て）弧を描いて運動するにもかかわらず，ボールより短い距離しか進まないのです。したがって，打ち上げ装置（観測者S）から見ると，ボールは内壁上の**(答)「+x方向に離れた場所」**へ落下することがわかります。

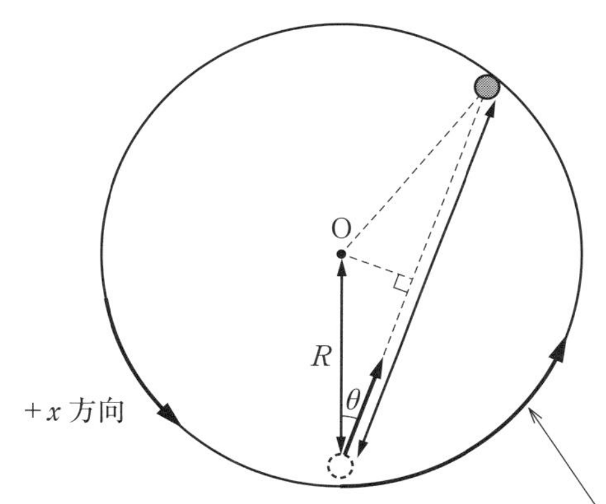

物体が衝突するまでに，発射装置はこの程度しか進まないことがわかる。

ところで，ここでは数式を使って考えましたが，より簡単に次のように考えることもできます。

次の図のように，「宇宙空間（観測者T）から見ると」ボールは実線の矢印で示した速度で進み，打ち上げ装置は破線の矢印で示した速さで回ります。当然ボールのほうが速く動いていきます。そして，ボールは直線上を進んでいきますが，打ち上げ装置は円周上を進んでいきます。ですから，同じ地点へたどり着くためには，打ち上げ装置のほうがたくさん移動しなければならないのです。両者を比較すると，ボールのほうが短い距離を速く進むことになり，着地点まで先に到達することがわかります。

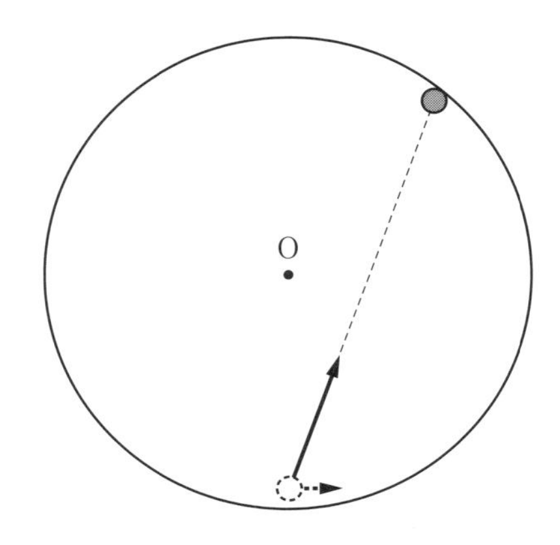

さて，宇宙ステーション内にいる人が物体を真上に投げ上げると，宇宙ステーションの回転と同じ向きにずれて着地することがわかりました。地球の場合は，真上に投げ上げた物体は自転と逆向きにずれて着地しました。つまり，**宇宙ステーションでは，地球とずれ方が反対になるのです。その原因は，宇宙ステーションで感じる人工重力（遠心力）と地上の重力が逆向きであることです。**

いかがでしたか？　宇宙ステーションができたら，そこではどんな生活が待っているのか，そんなことを想像させてくれる問題でしたね！

1.2 系外惑星の見つけ方

太陽系は銀河系（天の川銀河）の中にあります。太陽系は決して特別な存在ではありません。銀河系には，太陽のように自ら光を放つ天体（**恒星**）が2,000億個以上もあることがわかっています。夜空に眺めることができる無数の恒星は，そのほんの一部にしか過ぎません。天体望遠鏡を使えば，肉眼では捉えられない遠くの恒星をたくさん見つけることができます。しかし，宇宙は暗いため，その周りを回っている惑星の観測は困難です。自ら光を放つ恒星でなければ，天体望遠鏡といえども確認することはできないのです。

ところが，人類はついに太陽系の外にある惑星（**系外惑星**）を発見しました。1995年のことです。そして，それ以来，現在までに4,300個以上の系外惑星が見つかっています。最初に系外惑星を発見したミシェル・マイヨール（スイス，1942-）とディディエ・ケロー（フランス，1966-）は，その功績により2019年のノーベル物理学賞を受賞しました。

いったい，どのようにして遠く離れた系外惑星の存在を知ることができたのでしょう？　その方法が，これから見ていく東大入試問題で紹介されています。さっそく，導入文を読んでみましょう。

Lead

太陽系以外で，恒星の周りを公転する惑星が初めて発見されたのは1995年である。以来，すでに150個以上の太陽系外惑星が発見されている。この太陽系外惑星の検出原理は，質量Mの恒星と質量mの惑星（$M>m$）が，互いの万有引力だけによってそれぞれ運動している場合を考えれば理解できる。この場合，惑星は一般には楕円軌道上を運動することが知られている。しかしここでは，惑星がある定点Cを中心とした半径aの円周上を等速円運動しているとする。万有引力定数をGとし，恒星および惑星の大きさは無視する。

これは2006年（平成18年）に出題されたもので，この時点では150個以上の系外惑星が発見されていたのですね。

さて本題に入る前に，前半Ⅰの設問で，まずは恒星と惑星の運動について確認しましょう。

Ⅰ　図（恒星は図示していないことに注意）のように，惑星が反時計周りに公転しているものとする。惑星にはたらく向心力は恒星による万有引力であることを考えて，以下の問に答えよ。

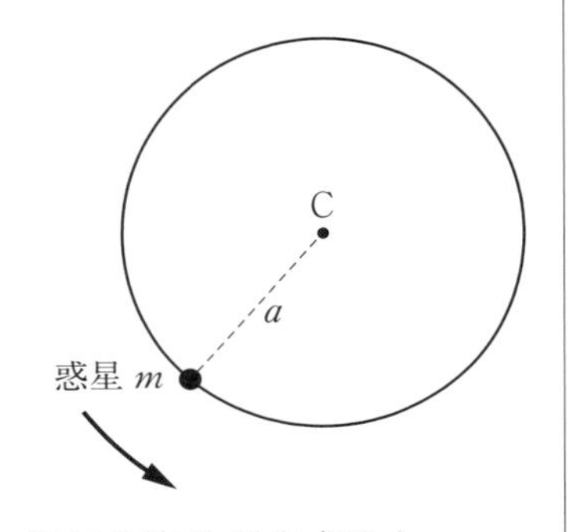

(1)　恒星，惑星，点Cの互いの位置関係を，理由とともに述べよ。

(2)　恒星と点Cとの距離，惑星の速さ v，恒星の速さ V を求めよ。

ここで，太陽系のような惑星系で公転しているのは，必ずしも惑星だけではないことを確認しておきましょう。**実は，太陽のような恒星も，惑星より軌道は小さいものの公転運動をしているのです**。それは，恒星も惑星も互いにその重心の周りを回っているからです。このことがわかっていると，設問Ⅰ(1)，(2)はスムーズに理解できます。

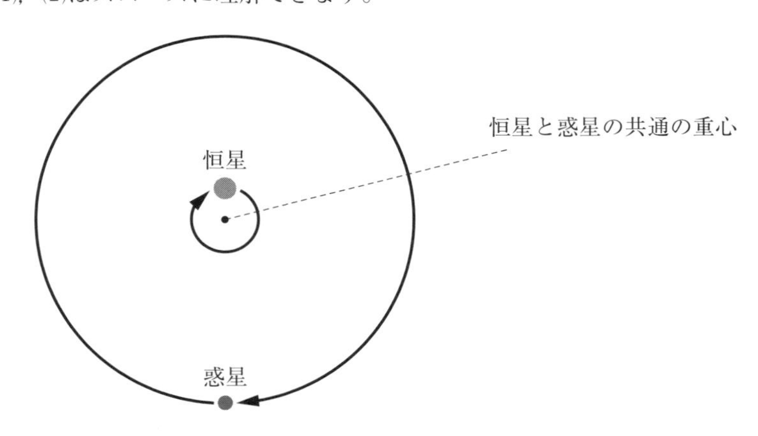

惑星は，正確には恒星の周りを回っているのではなく，「恒星と惑星の共通の重心」の周りを回っていて，これが点Cなわけです。よって，恒星，惑星，点Cの位置関係は，次のようなものであることがわかります。

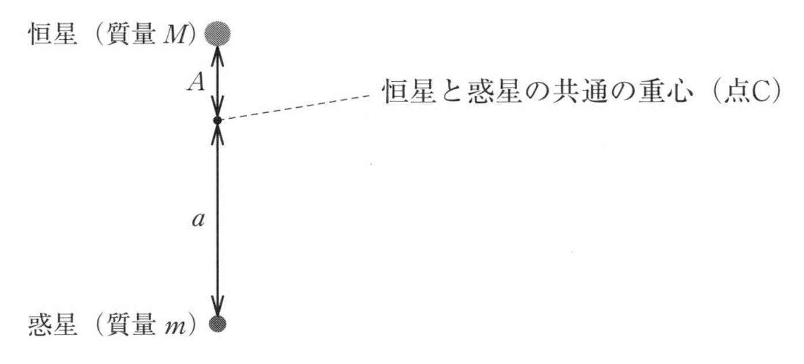

すなわち，**(答) 恒星と惑星の間にはたらく万有引力の影響で，恒星と惑星は共通の重心である点Cを中心に公転している**のですね。

さて，恒星と点Cとの距離を A とすると，惑星と点Cとの距離 a との比は次のようになり，A が求められます。

$$A:a=\frac{1}{M}:\frac{1}{m}=m:M$$

Note

二物体の重心の位置は，二物体間の距離を二物体の質量の逆比（逆数の比）に内分する点です。このことは，力のモーメントのつり合い（$MA=ma$）から理解できます。

$$\therefore\ A=\frac{m}{M}a \quad \cdots\cdots \text{(答)}$$

また，このとき，恒星の速さ V，惑星の速さ v を用いると，両者の角速度が共通であることから，次の関係が成り立ちます。

$$\text{角速度}=\frac{v}{a}=\frac{V}{A}$$

さらに運動方程式から，惑星について次のような式が書けます。

$$\text{向心力}\ m\frac{v^2}{a}=\text{万有引力}\ G\frac{Mm}{(a+A)^2}$$

Note

設問Ⅰの問題文でも，「惑星にはたらく向心力は恒星による万有引力であることを考えて……」と書かれています。

そして，これらを整理すると，v と V が次のように求められるのです。

$$v=\frac{M}{M+m}\sqrt{\frac{GM}{a}},\quad V=\frac{m}{M+m}\sqrt{\frac{GM}{a}}\quad \cdots\cdots \textbf{(答)}$$

さて，続く設問Ⅰ(3)，(4)では，いよいよ観測者が登場して本題に近づきます。惑星の速度の視線方向成分が問われていますが，これはなぜでしょう？

(3)　惑星の公転軌道面上において，a に比べて十分遠方にあり，点Cに対して静止している観測者を考える。図のように惑星が角度 θ [rad] の位置にあるとき，惑星の速度の視線方向成分 v_{r} を，v と θ を用いて表せ。ただし，観測者に対して遠ざかる向きを v_{r} の正の向きに選ぶものとする。

(4)　設問Ⅰ(3)のとき，恒星の速度の視線方向 V_{r} を，V と θ を用いて表せ。ただし，観測者に対して遠ざかる向きを V_{r} の正の向きに選ぶものとする。

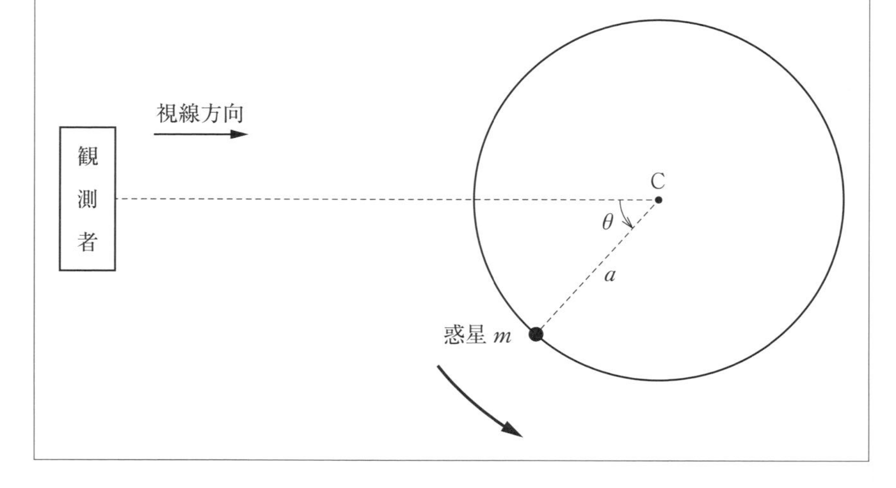

惑星の速さが v，恒星の速さが V なので，速度の視線方向成分は次のようになります。

Note

観測者が a に比べて十分遠方にあるので，v_r と V_r は次の図のように近似して考えることができます。

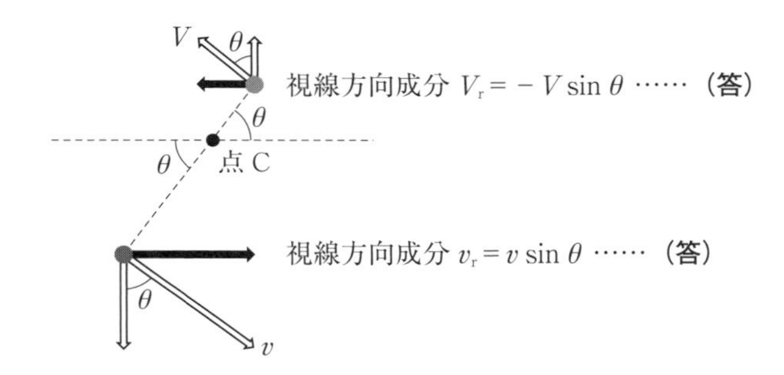

設問Ⅰ(1)，(2)の考察から，恒星の周りを惑星が回っている場合，恒星自身も動くようになることがわかりました。

恒星が動くと，恒星が放つ光に変化が起こります。光の波長が変化する「**ドップラー効果**」です。地球から，恒星の周りを回る惑星を直接観測することはできません。しかし，**恒星が放つ光に生じる変化を捉えることで，間接的に惑星の存在を知ることができる**というわけです。そのことを，続く後半Ⅱの設問で理解できます。

Ⅱ　惑星からの光は弱すぎて観測することは困難である。しかし，恒星からの光を観測することによって，惑星の存在を知ることができる。この間接的な惑星検出方法は，運動する恒星が発する光の波長は，音源が動いた場合の音の波長と同様に，ドップラー効果によって変化することを利用する。ここでは，恒星が静止している場合には波長 λ_0 の光を発するものとして，以下の問に答えよ。

(1)　惑星が角度 θ の位置にあるときに恒星が発する光を観測者が観測したところ，波長は λ であった。光速度を c として，波長の変化量

$\Delta\lambda = \lambda - \lambda_0$ を θ の関数として求めよ。

ドップラー効果のわかりやすい例は，救急車が近づいてくるときと遠ざかっていくときとで，サイレンの音の高さが変わるというものでしょう。しかし，ドップラー効果は音波だけで起こる現象ではありません。どんな種類の波でもドップラー効果が起こり，光もその例外ではありません。そして，**その本質は波長の変化**なのです。

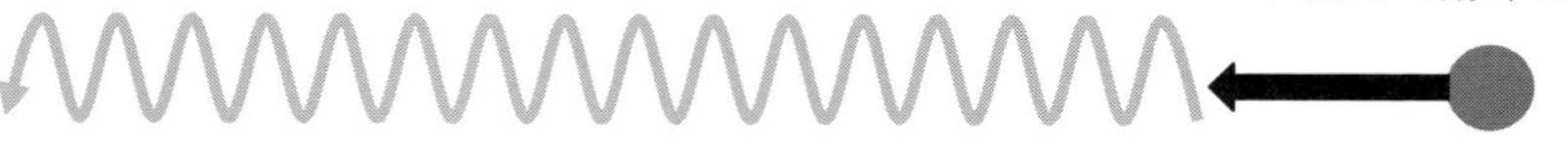

上の図のように，光を発する恒星が動くことで，光が伸び縮みする様子がわかります。恒星が観測者に向かって近づくときは光が縮んで見えますし，遠ざかるときは光が伸びて見えることになります。

恒星が速さ $V\sin\theta$ で観測者に近づくときには，光の波長が $\dfrac{c - V\sin\theta}{c}$ 倍に縮みます。よって，波長の変化量 $\Delta\lambda$ は次のように表せることがわかるのです。

$$\Delta\lambda = \frac{c - V\sin\theta}{c}\lambda_0 - \lambda_0 = -\frac{V}{c}\lambda_0 \sin\theta \quad \cdots\cdots \text{（答）}$$

(2)　設問Ⅱ(1)で求めた $\Delta\lambda$ は時間変動する。$0 \leqq \theta < 2\pi$ の範囲で $\left|\dfrac{\Delta\lambda}{\lambda_0}\right|$

の最大値が 10^{-7} 以上であれば，現在の観測技術で $\Delta\lambda$ の時間変動を検出することができる。このことから，惑星の存在を知ることが可能であるために a が満たすべき条件式を求めよ。

光の波長が変化しても，その変化量 $\Delta\lambda$ があまりに小さければ検出することができないようです。$\left|\dfrac{\Delta\lambda}{\lambda_0}\right|$ の最大値が 10^{-7} 以上であれば検出可能だと示されていますので，その条件を吟味（ぎんみ）してみましょう。

$\Delta\lambda=-\dfrac{V}{c}\lambda_0\sin\theta$ ですので，$\dfrac{\Delta\lambda}{\lambda_0}=-\dfrac{V}{c}\sin\theta$ です。また，設問 I (2)で $V=\dfrac{m}{M+m}\sqrt{\dfrac{GM}{a}}$ と求めたので，これを代入して整理すると，次のようになります。

$$\frac{\Delta\lambda}{\lambda_0}=-\frac{m}{(M+m)c}\sqrt{\frac{GM}{a}}\sin\theta$$

この絶対値の最大値が 10^{-7} 以上であればよいことから，次のように条件式が求められます。

$$\frac{m}{(M+m)c}\sqrt{\frac{GM}{a}}\geqq 10^{-7} \qquad \therefore\ a\leqq\frac{GMm^2 10^{14}}{c^2(M+m)^2} \quad \cdots\cdots\ \textbf{(答)}$$

このように，**光の波長変化が検出可能であるための条件式**が求められましたが，このままではよくわかりませんよね。そこで，もう少し式変形を頑張って，いったいどのような惑星なら発見が可能なのか，考えてみましょう。

(3)　設問 II (2)において，恒星が太陽質量 $M_s=2\times10^{30}$ kg，惑星が木星程度の質量 $10^{-3}M_s$ をもつものとする。この惑星が検出可能であるために公転周期 T が満たすべき条件を，有効数字 1 桁で表せ。ただし，$G=7\times10^{-11}\ \mathrm{N\cdot m^2/kg^2}$，$c=3\times10^{8}$ m/s とする。

惑星の公転周期 T は，回転半径 a を使って $T=\frac{2\pi a}{v}$ と表されます。ここへ設問Ⅰ(2)で求めた $v=\frac{M}{M+m}\sqrt{\frac{GM}{a}}$ を代入して整理すると，次のようになります。

$$T=2\pi a\times\frac{M+m}{M}\sqrt{\frac{a}{GM}}\qquad\therefore\ a^{\frac{3}{2}}=\frac{M\sqrt{GM}}{2\pi(M+m)}T\quad\cdots\cdots\text{(a)}$$

また，設問Ⅱ(2)で求めた条件式を $\frac{3}{2}$ 乗すると，次のようになります。

$$a^{\frac{3}{2}}\leqq\frac{(GM)^{\frac{3}{2}}m^3 10^{21}}{c^3(M+m)^3}$$

ここへ，上の(a)式を代入して整理してみましょう。

$$\frac{M\sqrt{GM}}{2\pi(M+m)}T\leqq\frac{(GM)^{\frac{3}{2}}m^3 10^{21}}{c^3(M+m)^3}\qquad\therefore\ T\leqq\frac{2\pi Gm^3 10^{21}}{c^3(M+m)^2}$$

さらに，「惑星の質量 m ≪恒星の質量 M」である場合，$M+m\fallingdotseq M$ と近似できるので，

$$T\leqq\frac{2\pi Gm^3 10^{21}}{c^3(M+m)^2}\fallingdotseq\frac{2\pi Gm^3 10^{21}}{c^3M^2}$$

となり，ここへそれぞれの数値を代入して計算してみると……，

$$T\leqq\frac{2\pi Gm^3 10^{21}}{c^3M^2}=\frac{2\pi\times7\times10^{-11}\times(2\times10^{30}\times10^{-3})^3\times10^{21}}{(3\times10^8)^3\times(2\times10^{30})^2}$$

$\therefore\ T\leqq3\times10^7$ 秒　……　**(答)**

とうとう，その惑星を発見できるための条件が求められましたね！

すなわち，公転周期が 3×10^7 秒より短ければ，恒星からの光のドップラー効果を利用して惑星の存在を確認することができるわけです。

さて，3×10^7 秒 $=\frac{3.0\times10^7}{60\times60\times24}\fallingdotseq347$ 日，約１年ですから，これは地球の

公転周期と同程度です。恒星の光に起こるドップラー効果を利用した方法では，**地球よりも公転周期の長い系外惑星の発見は困難**だということも，この問題を通して知ることができます。

このような制約がある中で，2006 年の段階で 150 以上の系外惑星が発見されていました。そして，その後に系外惑星の発見は急増し，現在では 4,300 個以上が見つかっています。実は，発見の急増には別の検出方法が貢献しているのです。「**トランジット法**」と呼ばれる，次のような方法です。

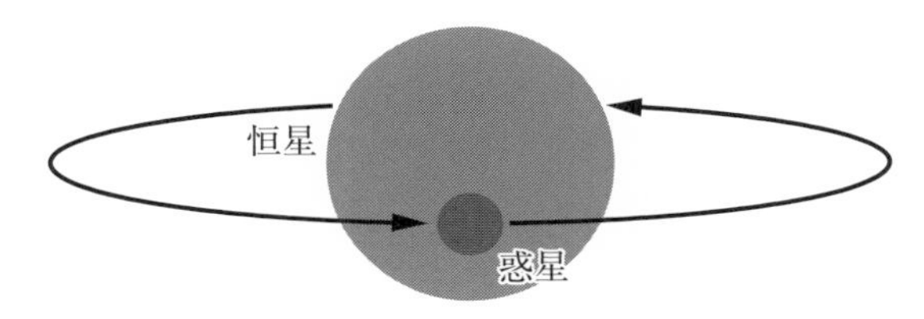

惑星が恒星の前を横切るとき，観測できる恒星の明るさが減少する

トランジット法の貢献は，系外惑星の発見を増加させたことだけではありません。恒星の前を横切る惑星が大きいほど光が減少することから，**惑星の大きさ**を見積もることができるのです。

惑星のサイズが小さければ，
減光は少ない

惑星のサイズが大きければ，
減光が多い

実は，今回の問題で登場したドップラー効果を利用する方法（**ドップラー法**や**視線速度法**などといいます）では，**惑星の質量**をも見積もることができます。

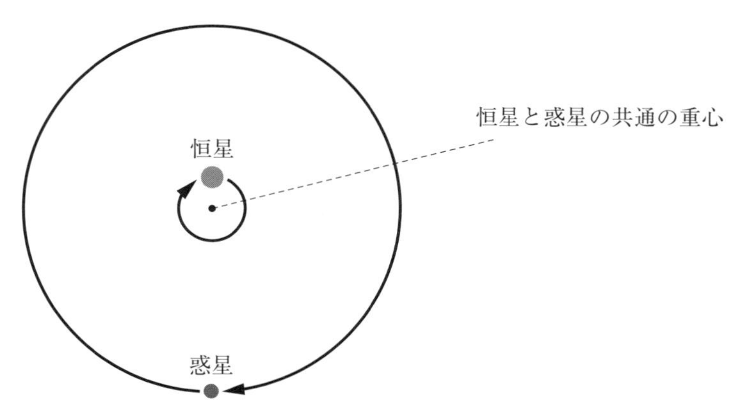

惑星の質量が小さいとき：恒星の動きが小さく，ドップラー効果も小さい

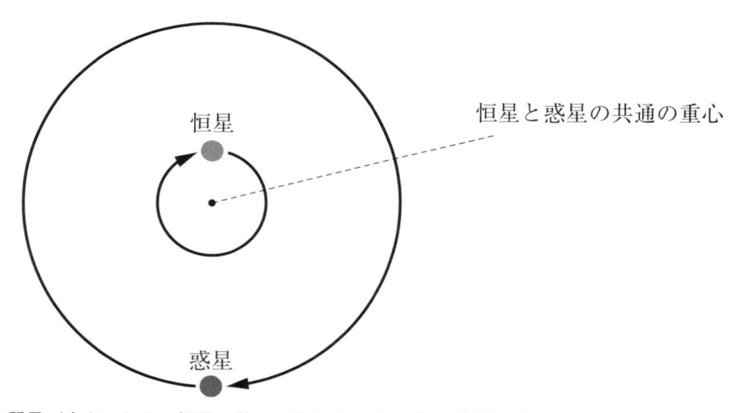

惑星の質量が大きいとき：恒星の動きが大きく，ドップラー効果も大きい

さらに，ドップラー法とトランジット法を組み合わせると，「質量 ÷ 大きさ」の計算によって**惑星の密度**がわかります。密度は，惑星を形成する物質の種類によって変わります。その密度から，およそどのような成分で惑星が成り立っているのか予想できるのです。

このような方法によって，遠く離れた天体のことを詳しく知ることができるようになってきているのですね！

1.3 恒星干渉計の原理

アルバート・マイケルソン（アメリカ，1852-1931）は，19 世紀後半から 20 世紀前半にかけて活躍したアメリカの物理学者です。彼の業績で有名なのは，エドワード・モーリー（アメリカ，1838-1923）と一緒に行った**光の干渉実験**です。これは，地球上で光を観測したとき，光の進む方向によって光の速さが違うかどうかを調べたものです。

地球は，秒速 30 km の速さで宇宙空間を移動しています。そのため，地球の進行方向（公転方向）に沿って進む光を観測したなら，公転速度の分だけ光速（光の速さ）が変化するはずです。

Note

光速を c，地球の移動速度を v とすると，地球上の観測者からは，

地球と同じ向きに進む光の相対速度 $=c-v$

地球と逆の向きに進む光の相対速度 $=c+v$

と観測されるはずだ，と考えたくなりますよね。

ところが，マイケルソンとモーリーの精密な観測の結果，進む向きによらず光速は一定となって観測されることがわかりました。これは非常に不思議なことではありますが，のちに「光速度一定」を根本原理としてアルベルト・アインシュタイン（ドイツ，1879-1955）が提唱した「特殊相対性理論」を裏づけることになりました。

さて，この実験は 1887 年に行われたものですが，マイケルソンはその後も光の観測にかかわり続け，輝かしい業績を残しています。その中に，遠くの宇宙からの光を観測して，宇宙の姿を解き明かしたものがあります。「**マイケルソン式恒星干渉計**」の考案と，それによる観測です。

1987 年（昭和 62 年）の東大入試問題では，マイケルソン式恒星干渉計の原理が紹介されています。まずは，実験装置について確認しましょう。

Lead

同じ強さ，同じ波長 λ の光を発する独立な2つの点光源 L_1，L_2 がある。L_1，L_2 から出た光を，接近した2つの互いに平行なスリット S_1，S_2 に通し，その十分後方にあるスクリーンに映して観察する。図1はこの実験装置の配置の概念図であり，図2は L_1，L_2 を含みスクリーンに垂直な平面での断面図である。L_1 と L_2，S_1 と S_2，O と O' の間隔はそれぞれ $2a$，$2d$，l であり，a と d は l に比べて十分小さい。

ただし，L_1，L_2 が同時に点灯しているときのスクリーン上の各点の明るさは，L_1 だけが点灯しているときの明るさと L_2 だけが点灯しているときの明るさの和としてよい。一方，同じ点光源 L_1 または L_2 から出て異なる2つの経路を通った光が干渉してスクリーン上に映るときの明るさは，$I_0\cos^2\dfrac{\pi}{\lambda}\Delta s$ であるとせよ。ここで係数 I_0 はスクリーン上の点の位置によらない一定値とする。また Δs は2つの経路の道のりの差である。

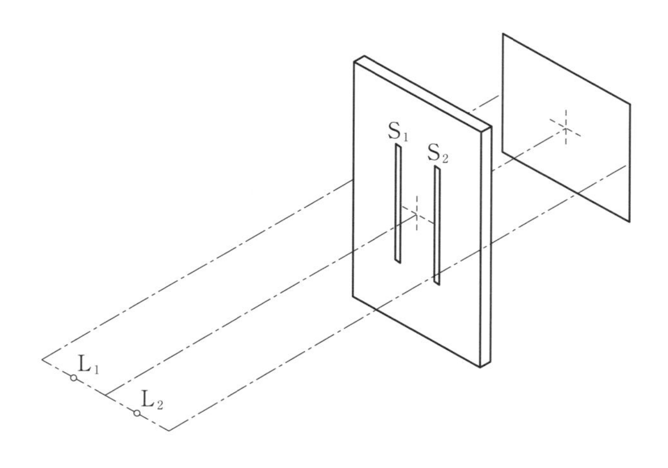

図1

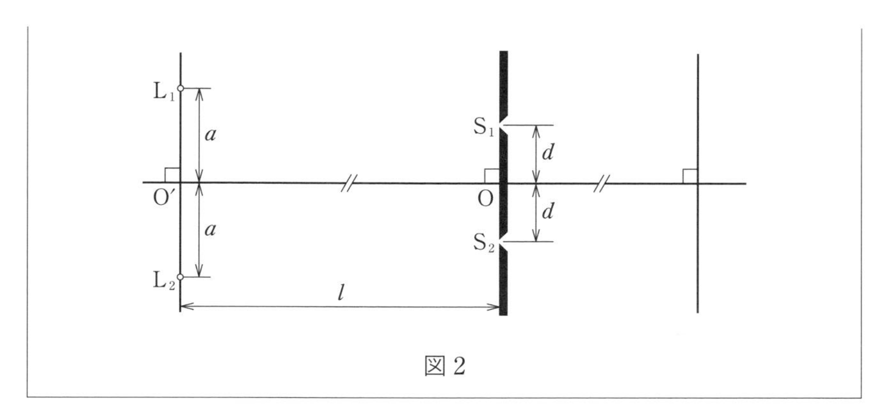

図2

この実験装置は，異なる2つの点光源 L_1，L_2 から発せられた光を同時に捉えるものです。それぞれの光がスリット S_1，S_2 を通過してスクリーンに達すると，2つの光が干渉します。すると，スクリーンが一様に明るくなったり干渉縞（かんしょうじま）ができたりするので，その様子から L_1 と L_2 の**視角**を求めることができるのです。

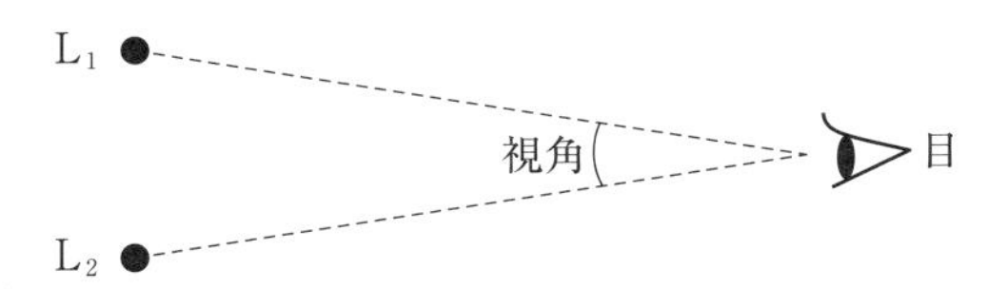

Note

物体の両端から目までの二直線がつくる角度を「視角」といいます。天文学では，これを「視直径」といいます。ふつう，視角は度数法で，視直径は弧度法で表します。

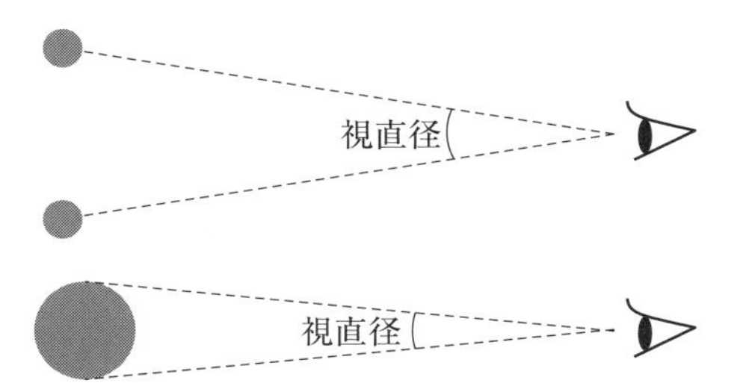

視角（視直径）の測定は，遠く離れた天体どうしの距離や，天体の大きさを知るのに応用されます。天体までの距離がわかっていれば，視角（視直径）を測ることで天体間の距離や天体の大きさを求められるのです。二天体の視角を測る場合は，各天体からの光を観測します。1

つの天体の視直径を測る場合は，その両端から発せられる光を観測します。いずれにしても，異なる2つの光を捉えることになります。

さて，マイケルソン式恒星干渉計の仕組みは，ヤングの実験（p.168）と同じもののように見えます。しかし，根本的な違いがあります。ヤングの実験では，「共通の光源から同時に発せられる光」が干渉します。一方，マイケルソン式恒星干渉計では，「2つの異なる恒星」もしくは「1つの恒星の両端からの異なる光」の関わりを調べるのです。それなのに，**どうしてヤングの実験と同じ装置を使えるのでしょうか？**　設問を解きながら，その工夫を理解していきましょう。

(1)　点光源 L_1 からスリット S_1，S_2 までの距離をそれぞれ l_1，l_2 とする。a と d が l に比べて十分小さいことに注意して，$\Delta l = l_2 - l_1$ を与える近似式を a，d，l で表せ。

まずは，1つの点光源 L_1 から2つのスリット S_1，S_2 までの距離の差を求めてみます。いったん，三平方の定理を使って，距離 l_1，l_2 が次のように求められます。

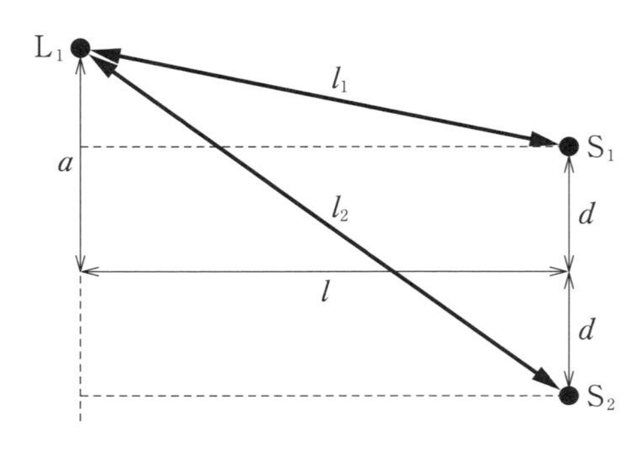

$$l_1 = \sqrt{l^2 + (a-d)^2}, \quad l_2 = \sqrt{l^2 + (a+d)^2}$$

$x \ll 1$ のとき $(1+x)^n \fallingdotseq 1+nx$ という近似式が成り立つことが知られていま

す。a，$d \ll l$ なので，これを l_1，l_2 に適用すると，

$$l_1=\{l^2+(a-d)^2\}^{\frac{1}{2}}=l\left\{1+\left(\frac{a-d}{l}\right)^2\right\}^{\frac{1}{2}}\fallingdotseq l\left\{1+\frac{1}{2}\left(\frac{a-d}{l}\right)^2\right\}$$

$$l_2=\{l^2+(a+d)^2\}^{\frac{1}{2}}=l\left\{1+\left(\frac{a+d}{l}\right)^2\right\}^{\frac{1}{2}}\fallingdotseq l\left\{1+\frac{1}{2}\left(\frac{a+d}{l}\right)^2\right\}$$

と変形できるので，Δl が次のように求められます。この Δl の値が，のちに視角（視直径）を求めるのに役立つことになります。

$$\Delta l=l_2-l_1\fallingdotseq\frac{l}{2}\left(\frac{a+d}{l}\right)^2-\frac{l}{2}\left(\frac{a-d}{l}\right)^2=\frac{2ad}{l}\quad\cdots\cdots\ \text{(答)}$$

もう少し考察を続けましょう。設問(2)からは，2つの点光源 L_1，L_2 からの光が同時に発せられる場合を考えます。

(2)　点光源 L_1 だけを点灯したところ，スクリーンには明瞭（めいりょう）な干渉縞（かんしょうじま）が見られた。次に，L_1 を消したのち L_2 をつけると，やはり明瞭な干渉縞が見られた。L_2 をつけたままさらに L_1 もつけたところ，スクリーンはほぼ一様な明るさになり干渉縞は見られなかった。このときの Δl は $\frac{\lambda}{4}$ であったという。L_1，L_2 を同時につけたときスクリーンが一様に明るくなった理由を，式を用いて説明せよ。

光の干渉はある1つの点光源から発せられた光どうしで起こることです。2つの異なる点光源から発せられた光どうしが干渉することはありません。このことを念頭に置いておかないと混乱してしまいますので，ここで確認しておきます。

まずは，点光源 L_1 から発せられた光がつくる干渉縞について考えましょう。L_1 から2つのスリット S_1，S_2 までの距離の差は Δl です。そして，S_1 と S_2 からスクリーン上の一点へたどり着くまでにも距離の差が生まれます。

それをΔrとしておきましょう。つまり，２つの光の距離（経路の道のり）の差$\Delta s = \Delta l + \Delta r$となるということです。

このときのスクリーンの明るさI_1は，導入文に与えられた式から，次のように表すことができます。

$$I_1 = I_0 \cos^2\left(\frac{\pi}{\lambda}\Delta s\right) = I_0 \cos^2\left\{\frac{\pi}{\lambda}(\Delta l + \Delta r)\right\}$$

点光源L_2から発せられた光についても，同じように求められます。スリットS_1とS_2までの距離の差は，L_1との対称性から$-\Delta l$であることがわかります。そして，S_1とS_2からの距離の差はΔrで共通です。よって，L_2から発せられた光によるスクリーンの明るさI_2は，次のように表されます。

$$I_2 = I_0 \cos^2\left\{\frac{\pi}{\lambda}(-\Delta l + \Delta r)\right\}$$

結局，スクリーンの明るさは$I_1 + I_2$となるわけですが，$\Delta l = \dfrac{\lambda}{4}$の場合には次のように計算できます。

$$\begin{aligned}
I_1 + I_2 &= I_0 \cos^2\left\{\frac{\pi}{\lambda}\left(\frac{\lambda}{4} + \Delta r\right)\right\} + I_0 \cos^2\left\{\frac{\pi}{\lambda}\left(-\frac{\lambda}{4} + \Delta r\right)\right\} \\
&= I_0 \cos^2\left\{\frac{\pi}{\lambda}\left(\frac{\lambda}{4} + \Delta r\right)\right\} + I_0 \sin^2\left\{\frac{\pi}{\lambda}\left(-\frac{\lambda}{4} + \Delta r\right) + \frac{\pi}{2}\right\} \\
&= I_0 \cos^2\left\{\frac{\pi}{\lambda}\left(\frac{\lambda}{4} + \Delta r\right)\right\} + I_0 \sin^2\left\{\frac{\pi}{\lambda}\left(\frac{\lambda}{4} + \Delta r\right)\right\} \\
&= I_0\left[\sin^2\left\{\frac{\pi}{\lambda}\left(\frac{\lambda}{4} + \Delta r\right)\right\} + \cos^2\left\{\frac{\pi}{\lambda}\left(\frac{\lambda}{4} + \Delta r\right)\right\}\right] \\
&= I_0 \quad \cdots\cdots \text{（答）}
\end{aligned}$$

これより，**$\boldsymbol{\Delta l = \dfrac{\lambda}{4}}$の場合には$\boldsymbol{\Delta r}$の値によらず，スクリーン上はどこでも一様な明るさ$\boldsymbol{I_0}$になることがわかります。**

この設問(2)から，Δlの値によってはスクリーン上に干渉縞ができず，一様に明るくなることがわかりました。Δlの値が変わればスクリーン上の様子も変わります。$\Delta l = \dfrac{\lambda}{2}$の場合にはどうなるだろう？　というのを考えるのが，続く設問(3)です。

> (3) 次にΔlが$\dfrac{\lambda}{2}$である場合を考える。まず，L_1だけをつけた。さらにL_2もつけるとスクリーン上の干渉縞にはどのような変化が現れるか。

2つの点光源L_1，L_2の間の距離が変われば，Δlの値も変わります。つまり，**Δlが変わったときにスクリーンにどのような変化が生じるのかを知れば，スクリーンの様子を通して2つの点光源の距離を知ることができる**のです。これが恒星干渉計の考え方です。

それでは，$\Delta l=\dfrac{\lambda}{2}$の場合を考えてみましょう。その場合は，スクリーンの明るさI_1とI_2は，次のようになります。

$$I_1=I_0\cos^2\left\{\frac{\pi}{\lambda}\left(\frac{\lambda}{2}+\Delta r\right)\right\}$$

$$\begin{aligned}I_2&=I_0\cos^2\left\{\frac{\pi}{\lambda}\left(-\frac{\lambda}{2}+\Delta r\right)\right\}=I_0\cos^2\left\{\frac{\pi}{\lambda}\left(\frac{\lambda}{2}+\Delta r\right)-\pi\right\}\\&=I_0\left[-\cos\left\{\frac{\pi}{\lambda}\left(\frac{\lambda}{2}+\Delta r\right)\right\}\right]^2=I_0\cos^2\left\{\frac{\pi}{\lambda}\left(\frac{\lambda}{2}+\Delta r\right)\right\}\end{aligned}$$

よって，スクリーン上での各点の明るさは，次のようになります。

$$I_1+I_2=2I_0\cos^2\left\{\frac{\pi}{\lambda}(\Delta l+\Delta r)\right\}$$

これは，L_1だけをつけた場合に比べて2倍の明るさになった状態です。よって，L_1だけをつけた状態からL_2もつけることで，**(答)「干渉縞の明るさは2倍になる」**ことがわかります。

ただし，ここでは，より重要なことがあります。$\Delta l=\dfrac{\lambda}{2}$の場合には**明瞭な(明るさの2倍の)干渉縞が現れる**ということです。スクリーンの明るさがΔrの値によって変わることが，スクリーンに干渉縞ができることを示しています。これは，$\Delta l=\frac{\lambda}{4}$ の場合には干渉縞が現れず，一様に明るくなったのとは対照的です。

さて，ここまでの考察から，Δl の値によってスクリーンの様子が次のように変わることがわかりました。

> $\Delta l=\frac{\lambda}{4} \rightarrow \frac{\lambda}{2}$ という変化（Δl が $\frac{\lambda}{4}$ だけ増加）で，スクリーンの様子は「一様に明るくなる」→「明瞭な干渉縞が現れる」と変わる。

この関係を活用すれば，遠方で接近した２つの点光源がつくる小さな視角を求められるのです。続く設問(4)では，その方法を考えることになります。

> (4)　L_1，L_2 がきわめて遠方の接近した２つの点光源であるとする。設問(1)，(2)，(3)での考察結果を参考にして，L_1，L_2 のつくるきわめて小さな視角 $\theta=\angle L_1OL_2 \fallingdotseq \frac{2a}{l}$ を求める方法を考え，その概略を述べよ。ただし，光の波長 λ はわかっているとする。

スクリーンの様子は，Δl の値によって変化するのでした。また設問(1)では，$\Delta l=\frac{2ad}{l}$ が求められました。ここでは，遠方の２つの点光源の間の距離 $2a$ や，点光源からスリットまでの距離 l を変えることは不可能です。Δl を表す式に登場する値で変化させられるのは，２つのスリットの間隔 $2d$ だけです。このことから，次のようにして視角 $\theta=\angle L_1OL_2 \fallingdotseq \frac{2a}{l}$ を求める方法が考えられます。

d の値（スリット S_1 と S_2 の間隔 $2d$）を連続的に変化させると，Δl が変化してスクリーンの様子が変化する。

↓

スクリーンの様子が，「一様に明るくなる」→「明瞭な干渉縞が現れる」
または，「明瞭な干渉縞が現れる」→「一様に明るくなる」
と変化するまでの d の変化量（$=\Delta d$）を測定する。

d が Δd だけ変化するとき，Δl は $\frac{2a\Delta d}{l}$ だけ変化します。Δl が $\frac{\lambda}{4}$ だけ変化するとスクリーンに上記のような変化が現れるので，Δd の変化でスクリーンに変化が現れたとすると，

$$\frac{2a\Delta d}{l}=\frac{\lambda}{4}$$

であることがわかります。ここから，

$$\text{視角 } \theta=\angle L_1OL_2 \fallingdotseq \frac{2a}{l}=\frac{\lambda}{4\Delta d}$$

と求められます。この原理を実用化したのが，マイケルソン式恒星干渉計なのですね。

さて，実際には，恒星干渉計は次の図のように設計されています。スリット板は使わず，45° に向かい合わせた 2 つの鏡の間隔を変えることで，2 つの光の経路差を変化させるのです。

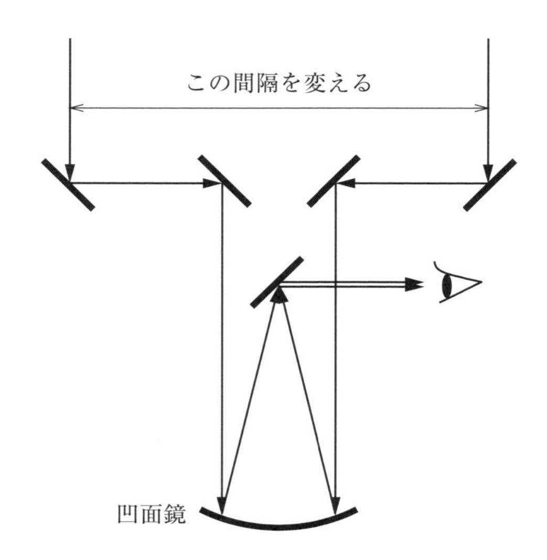

1921 年，マイケルソンは実際に恒星干渉計を使ってベテルギウス（オリオン座の中で最も明るいオリオン座 α 星）の視直径を求めました。その値は，2.3×10^{-7} rad（$\fallingdotseq 1.3\times10^{-5}$°）でした。ベテルギウスは地球から 642 光年（光が 642 年かけて進む距離）も離れています。これらの値から，ベテルギウスの直径 x を次のように求めることができます。

$$\frac{x}{642\text{光年}}=2.3\times10^{-7}$$

$$\frac{x}{(3.0\times10^{8}\times60\times60\times24\times365\times642)\ \text{m}}\fallingdotseq 2.3\times10^{-7}$$

$$\therefore\ x\fallingdotseq 1.4\times10^{12}\ \text{m}\ （太陽の直径の約 1,000 倍）$$

1.4 月までの距離を測る方法

1849 年，フランスのアルマン・フィゾー（1819-1896）は，光の速度を地上で測定することに初めて成功しました。170 年以上も昔に考案された測定方法でありながら，この方法は現在でも活用されています。それは，光の速度を求めるためではなく，例えば地球から月までの距離のような，非常に長い距離を測定する場合に活用されています。

1991 年（平成 3 年）に東大入試で出題された問題には，このとき利用された装置と方法が登場します。この問題を通して，フィゾーの装置を距離測定に応用する方法を理解することができるのです。さっそく導入文を読んで，実験の概要を確認しましょう。

Lead

図 1 の M はレーザー発生装置で，その前に置かれた 200 枚の歯をもつ歯車 G は，一定の回転数で回転して，光を周期的に遮断する。光は半透明の鏡 A で 2 つのビームに分けられ，1 つは光検出器 P_1 に入り，もう 1 つは距離 L 離れた遠方の鏡 B に向かう。B で反射された光は，A の傍（そば）に置かれた鏡 C で反射され，もう 1 つの検出器 P_2 に入る。距離 AB は距離 BC に等しく，また距離 AP_1 は距離 CP_2 に等しいとする。図 1 中の水槽は，長さ 500 m で，ここに水を入れると，水は往路および復路とも水の中を通過することになる。

光検出器 P_1，P_2 の信号はオシロスコープに伝えられる。図 2 はオシロスコープの画面で，縦軸が光の強度を表す。実線は P_1 からの信号，破線は P_2 からの信号である。横軸は時間の経過を表し，右のほうが後の時刻である。画面の水平方向の尺度は 1 目盛が 1 cm で，これは 5.0×10^{-6} 秒を表す。また光速は $c=3.0\times10^{8}$ m/s とする。

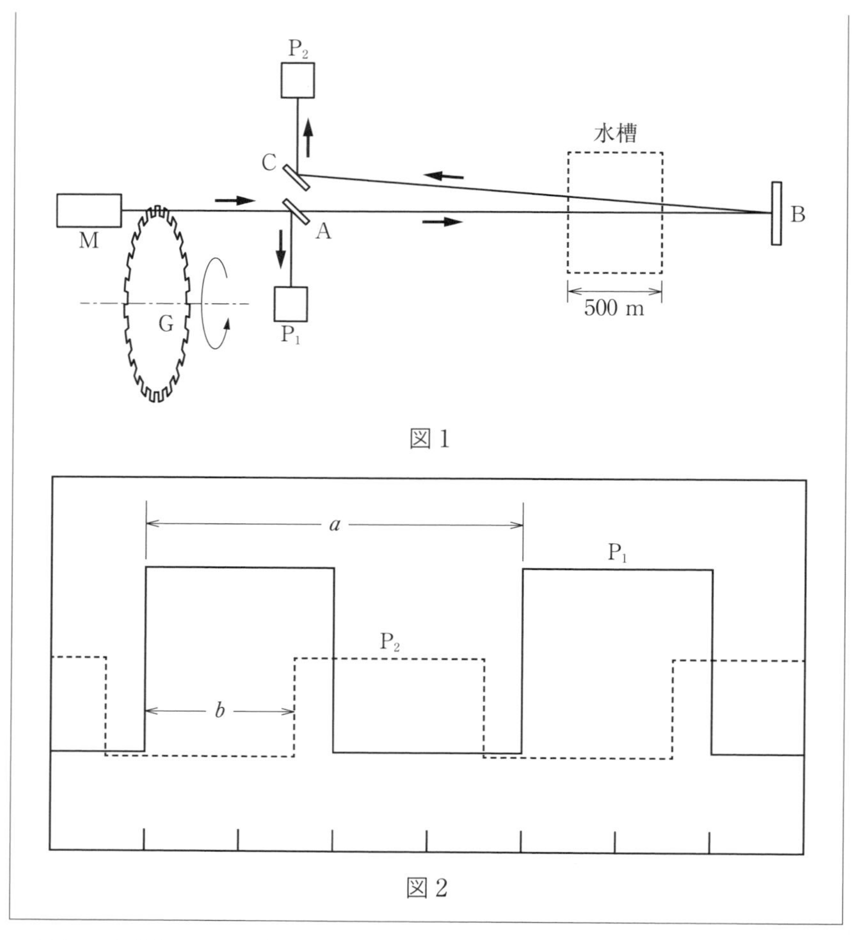

図１

図２

最初の設問(1)では，登場する歯車がものすごいスピードで回転していることを確認します。こういった装置を使うことで，光の速度や非常に長い距離を測定することができるのですね。

> (1)　図２の実線の図形は周期的で，距離 a は 4.0 cm であることが読み取れた。これから歯車の毎秒の回転数を求めよ。

歯車 G が回転して周期的に光を遮断するため，光検出器は光の明滅を感知します。歯溝（歯と歯の間）を光が通過すると「明」，歯が光を遮断すると「滅」となるわけです。1 回の明滅にかかる時間（周期）は，導入文にあるようにオシロスコープ画面の 1 目盛（1 cm）が 5.0×10^{-6} 秒なので，

$$(5.0\times10^{-6})\text{ 秒/cm}\times4.0\text{ cm}=2.0\times10^{-5}\text{ 秒}$$

歯車 G は 200 枚の歯をもつので，1 枚分の回転にかかる時間（1 回の明滅にかかる時間）に歯数を掛けることで，歯車が 1 回転する時間を計算できます。

$$(2.0\times10^{-5})\text{ 秒}\times200=4.0\times10^{-3}\text{ 秒}$$

たった 4.0×10^{-3} 秒 $\left(\frac{4}{1{,}000}\text{秒}\right)$ で 1 回転してしまうほどのスピードですが，想像できますか？　少し実感しづらいので，毎秒の回転数に換算してみましょう。

$$\frac{1.0}{4.0\times10^{-3}}=250\text{ /秒}\quad\cdots\cdots\ \textbf{(答)}$$

1 秒間に 250 回転ですから，ものすごいスピードであることが実感できますよね。

続いて，設問(2)をみていきましょう。

(2)　水槽に水がない場合，破線の図形は，図 2 に示すように，実線の図形と $b=1.6$ cm だけずれたものとなった。（予備実験として，鏡 B を A と C のすぐ近くに置いたときには，ずれがないことを確かめてある。）ここで水槽に水を満たすと，オシロスコープ上で，破線の図形はどちらに何 cm ずれるか。ただし水の屈折率は 1.3 とし，また水による吸収のために光が弱くなることは考慮しなくてよい。

この実験では２つの光検出器（P_1 と P_2）を使っていますが，P_1 での検出に対して P_2 での検出は，光が A → B → C と往復するのにかかる時間だけ遅れてしまいます。実は，この時間のずれをもとに AB 間（BC 間）の距離を求めるのが，この問題のテーマです。

さて，設問(2)では水槽に水を入れたときの変化を考えますが，水を入れることで光にとってどのような変化が起こるのでしょうか？

光は真空，空気，水，ガラスなどいろいろな物質中を進んでいくことができますが，それらの物質中を同じ速さで進んでいるわけではありません。そして，この速さの違いを光学的な距離（**光路長**または**光学距離**といいます）の違いに置き換えて考えることができます。

Note

光がある物質中を進むのと同じ時間をかけて真空中を進む距離が光路長（光学距離）です。

光が空間中を距離 L だけ進む場合，その空間が真空（屈折率１）であれば，光は「距離 L だけ進む」と考えます。しかし，その空間が屈折率 n の物質で満たされている場合，光は「距離 nL だけ進む」と考えるのです。つまり，屈折率 n の物質中では光学的な距離が n 倍になるわけですね。

この水槽中の往復距離は（500×2＝）1,000 m です。水槽中が空気（真空と同じく，屈折率は１とみなせます）で満たされている場合，光は距離 1,000 m を進みますが，屈折率 1.3 の水で満たされると，光は距離（1,000×1.3＝）1,300 m を進むことと同じになります。つまり，光にとっての距離（光路長）が 300 m 増えることになり，それだけ余計に進むのにかかる時間だけ，P_2 での検出が**遅れる**ことになります。すなわち，

$$P_2 \text{での検出時間の遅れ} = \frac{300\ \text{m}}{3.0 \times 10^{8}\ \text{m/秒}} = 1.0 \times 10^{-6}\ \text{秒}$$

であることから，破線の波形は，$1\ \text{cm} \times \dfrac{1.0 \times 10^{-6}\ \text{秒}}{5.0 \times 10^{-6}\ \text{秒}} =$ **（答）0.20 cm だけ右にずれる**ことがわかるのです。

それでは，いよいよ AB 間（BC 間）の距離を求める設問(3)へ進みましょう。

> (3) 水槽の水を抜いて設問(2)の初めの状態に戻す。次に歯車の回転数を徐々に変えた後に一定にしたが，その間に a は徐々に伸びて $a'=5.0$ cm となり，また b は徐々に縮んで $b'=0.6$ cm となった。これから L を求めよ。

ここでは，2つの光検出器（P_1 と P_2）における検出時間の差から，AB 間（BC 間）の距離を求めるのです。これは，「AB 間（BC 間）の距離が一定ならば，P_1 と P_2 での検出時間の差は一定である」ことをもとにした考え方です。つまり，歯車の回転数を変化させるわけですが，それでも **P_1 と P_2 での検出時間の差は変わらない**のです。なぜなら，光が AB 間（BC 間）を往復するのにかかる時間が，検出時間の差となるからです。P_2 での検出時間は，光が AB 間（BC 間）を往復するのにかかる時間だけ P_1 での検出時間より遅くなるのです。そのことに注意する必要があります。

オシロスコープに現れた波形から，歯車の回転数を変える前後での検出時間の差を計算しみてみましょう。同じ波形が N 回くり返されたとして，さらにずれ（b，b'）があることから，

$$\text{変える前の検出時間の差} = 5.0\times10^{-6}\times(a\times N+b) = 5.0\times10^{-6}\times(4.0\times N+1.6)\ \text{秒}$$

$$\text{変えた後の検出時間の差} = 5.0\times10^{-6}\times(a'\times N+b') = 5.0\times10^{-6}\times(5.0\times N+0.6)\ \text{秒}$$

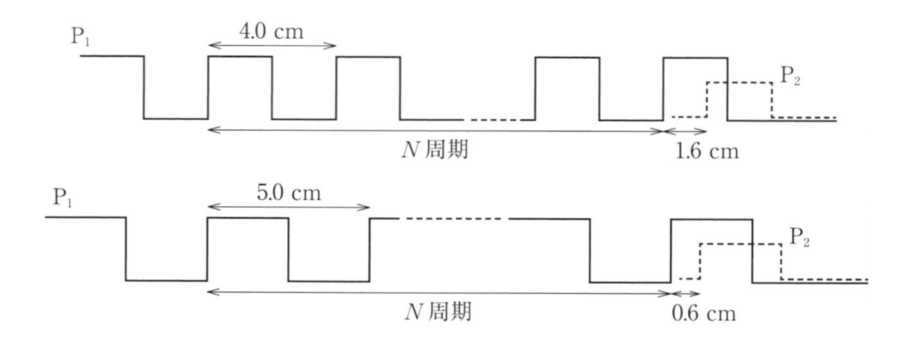

Note

b の値が徐々に縮んでいる（一様に減少している）ことから，図の N の値が変化していないことがわかります。

これらが等しいことから，

$$5.0\times10^{-6}\times(4.0\times N+1.6)=5.0\times10^{-6}\times(5.0\times N+0.6)$$

これを解くと $N=1$ なので，検出時間の差は次のようになります。

$$\text{検出時間の差}=5.0\times10^{-6}\times(4.0\times1+1.6)=2.8\times10^{-5}\text{ 秒}$$

これより，AB 間の往復距離と AB 間の距離 L が求められます。

$$\text{AB 間の往復距離}=3.0\times10^{8}\times2.8\times10^{-5}=8.4\times10^{3}\text{ m}=8.4\text{ km}$$

$$\text{AB 間の距離 } L=\frac{8.4}{2}=4.2\text{ km}\quad\cdots\cdots\ \textbf{(答)}$$

以上のように，距離測定を行うことができました。この問題ではこの程度の距離でしたが，地球から月までの間のような非常に長い距離であっても正確に測定できるのが，この方法なのです。ただし，この測定方法には注意しなければいけないことがあります。それが，最後の設問(4)で登場します。

> (4)　設問(3)では，a，b が徐々に変化する様子を観察したが，これは必要であったか。最終的な a'，b' を知るだけでは不十分か。

この実験では，**b の値が徐々に縮んでいる（一様に減少している）ため，図の N の値は変化していない**と判断することができました。もしも N の値が変化（減少）したとすると，次のように，b は減少して 0 になった後に再び大きくなるという変化が起こるはずなのです。

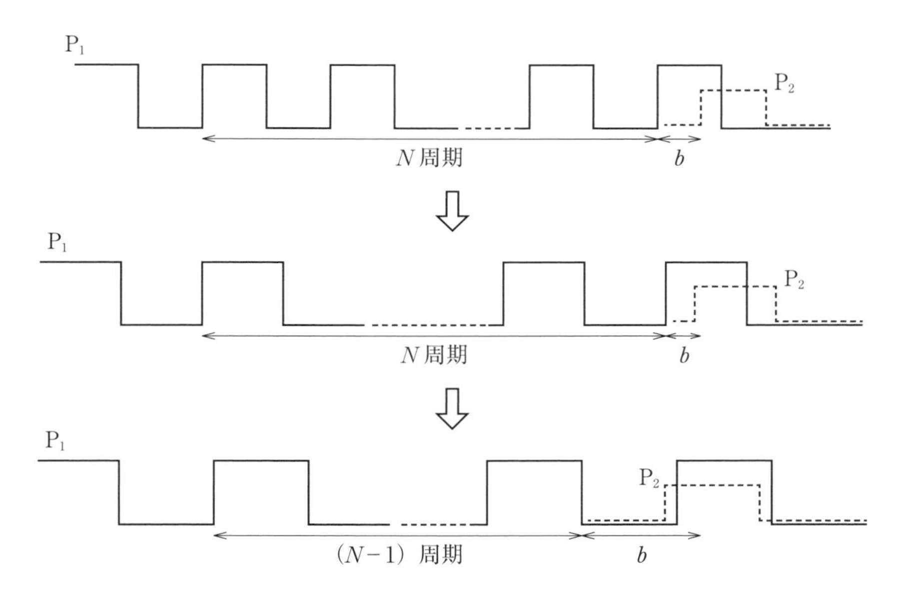

このように，最終的な値（a'，b'）だけでなく変化の仕方も確かめなければ，N の値が変化したのかどうかはわかりません。ですから，最終的な値だけでなく，**（答）変化の仕方も観察する必要がある**のです。

さて，この問題において測定した距離は 4.2 km でした。間に光を妨げるものがない状態にしてこれほどの距離を確保することは，決して容易ではありません。しかし，1849 年に光速を測定したフィゾーは，8.6 km の距離を確保して実験を行ったそうです。壮大な実験だったことが想像できますよね。

1.5 地球トンネルに飛び込んだら？

ロシアは旧ソ連時代，地球の地殻深部を調べるために20年近くを費やし，およそ12 kmの深さまで穴を掘りました。これは，世界最深のマリアナ海溝を上まわる大変な深さですが，地球の半径が6,400 kmほどであることを考えたら，それは地球の表面をちょっと削っただけと言えるかもしれません。

現在の技術では，これ以上深い穴を掘るのは困難です。もし，これよりずっと深い穴を掘ることができて，それが地球を貫通したら，どんなトンネルになるのだろう？　という壮大なことを考えるのが，2005年（平成17年）の東大入試問題です。地球を貫くトンネルがあったら，そこへ飛び込むだけで地球の裏側までたどり着けるのでしょうか？

そう話は単純ではないようです。ここでは，そんな空想をしてみましょう。まずは，導入文を確認します。

Lead

図のように，地球の中心Oを通り，地表のある地点Aと地点Bとを結ぶ細長いトンネル内における小球の直線運動を考える。地球を半径R，一様な密度ρの球とみなし，万有引力定数をGとする。なお，地球の中心Oから距離rの位置において小球が地球から受ける力は，中心Oから距離r以内にある地球の部分の質量が中心Oに集まったと仮定した場合に，小球が受ける万有引力に等しい。ただし，地球の自転と公転の影響，トンネルと小球の間の摩擦および空気抵抗は無視するものとし，地球の質量は小球の質量に比べ十分大きいものとする。

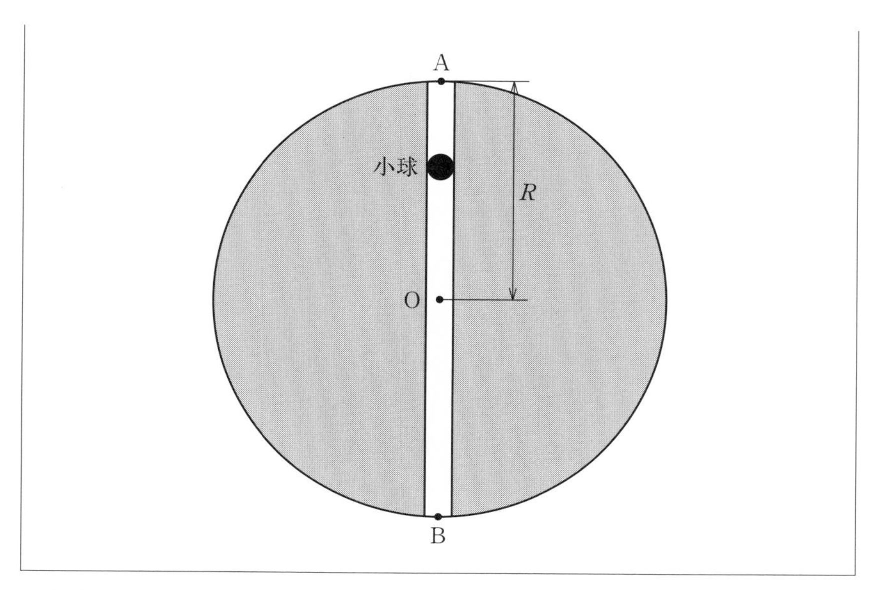

地球の中心を通るトンネル（地球トンネル）を考える内容です。ちょうど，日本とブラジルのあたりがトンネルでつながるイメージですね。そんなトンネルに飛び込んだらどうなるのかを考えるのが，最初の設問 I です。

> I　質量 m の小球を地点 A から静かに放したときの運動を考える。
> (1)　小球が地球の中心 O から距離 r （$r<R$）の位置にあるとき，小球にはたらく力の大きさを求めよ。

導入文にあるとおり，地球トンネルに飛び込んだ小球には万有引力がはたらきます。小球が地球の中心 O から距離 r の位置にあるときは，半径 r の球体の質量が中心 O に集まったものから受けるのと同じ大きさの万有引力を受けるわけです。半径 r の球体の体積は $\dfrac{4}{3}\pi r^3$ なので，その質量は $\rho\cdot\dfrac{4}{3}\pi r^3$ です。それが地球の中心 O に集まっていて，小球との距離は r です。よって，小球が受ける万有引力の大きさ F は，次のように求められます。

$$F=G\frac{\rho\cdot\frac{4}{3}\pi r^3\times m}{r^2}=\frac{4}{3}\pi G\rho mr \quad \cdots\cdots \text{（答）}$$

Note

距離 r だけ離れた質量 m_1，m_2 の二物体間にはたらく万有引力の大きさは，万有引力定数を G として，$G\frac{m_1m_2}{r^2}$ で表されます。

さて，ここで着目したいのは，万有引力 F は地球の中心 O からの距離 r に比例するということです。力がある一点に向かってはたらき続け，力の大きさがその点からの距離に比例するとき，その力を「復元力」と言います。**小球が地球から受ける万有引力は，まさに復元力なのです。**

物体に復元力がはたらくと，物体は**単振動**します。この状況は，地球の中心 O を中心点とした単振動になります。つまり，地点 A を出発した小球は，地点 B までたどり着き，折り返します。そして，再び地点 A へ戻ってくるのです。地球トンネルに飛び込むと，何もしなくても地球の万有引力のおかげで地球の裏側までたどり着けるのですね。そして，それだけでなく，再びもとの地点へ戻ってくることもできるのです。では，その往復旅行にはどれくらいの時間がかかるのでしょうか？

(2)　小球が運動開始後，はじめて地点 A に戻ってくるまでの時間 T を求めよ。

物体にはたらく復元力が Kr（$=F$）のとき（r は振動の中心 O からの距離），単振動の周期 T は次のように表されます。

$$T=2\pi\sqrt{\frac{m}{K}}$$

ここでは比例定数 $K=\frac{4}{3}\pi G\rho m$ なので，周期 T は次のように求められます。

$$T = 2\pi\sqrt{\frac{m}{\frac{4}{3}\pi G\rho m}} = \sqrt{\frac{4\pi^2 \times 3}{4\pi G\rho}} = \sqrt{\frac{3\pi}{G\rho}} \quad \cdots\cdots \ \textbf{(答)}$$

ところで，ここへ実際の万有引力定数 G と地球の平均密度 ρ の値を代入して計算してみると，どうなるでしょう。$G \fallingdotseq 6.67 \times 10^{-11}\ \mathrm{N \cdot m^2/kg^2}$，$\rho \fallingdotseq 5.51\ \mathrm{g/cm^3} = 5{,}510\ \mathrm{kg/m^3}$ であることが知られているので，これを代入してみると，

$$\sqrt{\frac{3\pi}{6.67 \times 10^{-11} \times 5{,}510}} \fallingdotseq 5{,}060\text{秒} \fallingdotseq 84.3\text{分}$$

およそ84分と求められました。地球トンネルへ飛び込んだら，84分間の旅を終えて出発地点へ戻ってくるのですね。

さて，地球トンネルの旅が大変な人気となり，何人もの人が飛び込んだらどうなるのでしょう？　トンネルの中でぶつかってしまいそうです。そんなことが起こったらどうなるのか，それを考えるのが，続く設問IIとIIIです。

> II　同じ質量 m を持つ2つの小球P，Qの運動を考える。時刻0に小球Pを，時刻 t_1 に小球Qを同一の地点Aで静かに放したところ，2つの小球はOBの中点Cで衝突した。ここで2つの小球間のはねかえり係数（反発係数）を0（ゼロ）とし，衝突後に2つの小球は一体となって運動するものとする。ただし，t_1 は設問I(2)で求めた時間 T より小さいものとする。
>
> (1)　t_1 を T を用いて表せ。
>
> (2)　2つの小球P，Qが衝突してからはじめて中心Oを通過するまでの時間 t_2 を T を用いて表せ。

小球PとQは，次のように衝突する設定になっています。

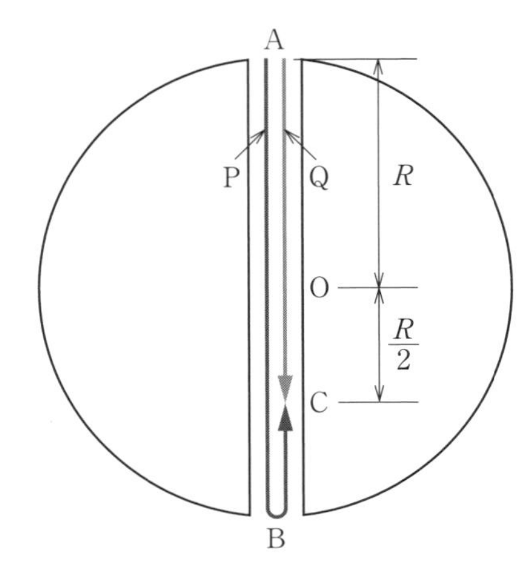

ちょうどOBの中点Cで衝突するためには，小球Qをどのようなタイミングで放せばよいかを考える内容です。これは，単振動のまま考えるとなかなか難しい内容です。このような場合，**単振動は等速円運動の正射影**であることを思い出し，いったん等速円運動に変換してみると解きやすくなります。

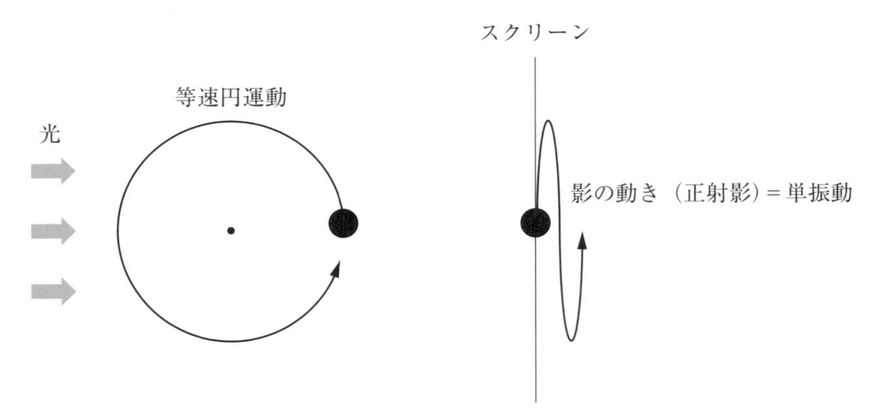

小球PもQも地球トンネル内で単振動するわけですが，その運動を等速円運動に変換すると次のように表すことができます。

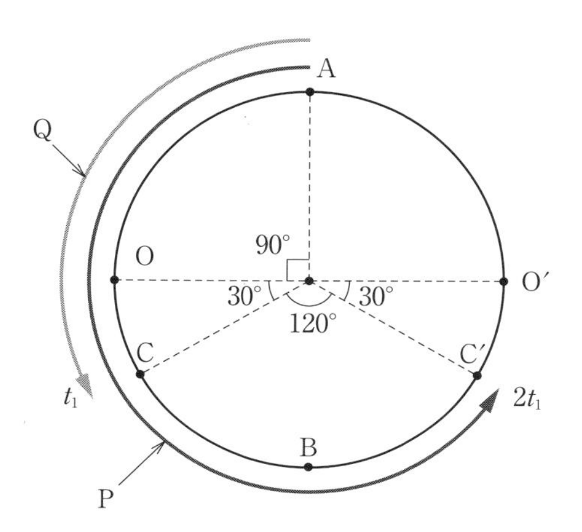

ここでOBの中点は，円運動では位置Oを通過後に30°回転した位置C，もしくは位置O′に向かって残り30°という位置C′に相当します。そのことを踏まえると，上のようなタイミングで小球PとQが衝突する状況だとわかるのです。よって，PがQより余計に運動した時間がt_1なのですが，これは120°回転する時間に相当すると理解できます。つまり$\frac{1}{3}$回転であり，かかる時間は周期Tの$\frac{1}{3}$です。

$$t_1=\frac{1}{3}T \quad \cdots\cdots \textbf{（答）}$$

そして，このとき小球PとQは同じ位置に到達しているわけですから，等しい位置エネルギー，等しい運動エネルギーを持っています（力学的エネルギー保存則）。質量も等しくmなので，PとQの速さは等しくなります。ただし，運動の向きは逆向きです。

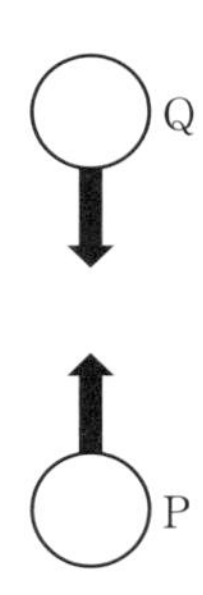

つまり，PとQの運動量の和は0です。そのため，合体後にはいったん静止します。そして，**衝突点を端点（変位が最大になる位置）とした新たな単振動を始める**のです。

そして，このときの単振動の周期は，やはり $T=\sqrt{\frac{3\pi}{G\rho}}$ となります。それは，周期 T の値に単振動する物体の質量は無関係で，PとQが合体して質量が2倍になることの影響がないからです（さらに，単振動の振幅も周期には影響しません）。同じ地球トンネル内で単振動するのであれば，周期は変わらないのです。よって，衝突してからはじめて中心Oを通過するまでの時間 t_2 は，周期 T の $\frac{1}{4}$ であるとわかります。

$t_2=\frac{1}{4}T$　……**（答）**

この設問Ⅱからは，小球PとQが合体することで，単振動の振幅が半分になってしまうことが理解できました。これでは，永久に地球トンネルから脱出できなくなってしまいます（なんだか恐ろしいですね……）。

では，小球PとQが衝突しても合体しない場合はどうでしょう？　そのことを考えるのが，次の設問Ⅲです。

Ⅲ　設問Ⅱと同様に，時刻0に小球Pを，時刻 t_1 に小球Qを同一の地点Aで静かに放した。ただし，2つの小球間のはねかえり係数は e

($0<e<1$) とする。

(1) 2つの小球が最初に衝突した後，小球Pは地点Bに向かって運動し，地球の中心Oから距離 d の点Dにおいて中心Oに向かって折り返した。このときの d の値をはねかえり係数 e および地球の半径 R を用いて表せ。

(2) 小球Pと小球Qが2回目に衝突する位置を求めよ。

(3) その後，2つの小球は衝突を繰り返した。十分時間が経過した後，どのような運動になるか答えよ。

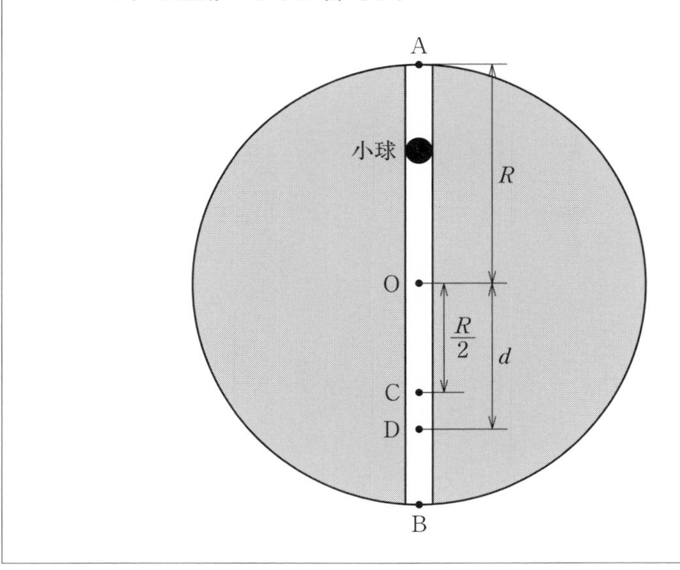

ここからは，計算を簡単にするために，小球にはたらく復元力の比例定数 $\frac{4}{3}\pi G\rho m$ を定数 K として計算することにします。

小球PとQは，出発した地点Aではそれぞれ，中心Oを基準とした位置エネルギー $\frac{1}{2}KR^2$ を持っています。この後，衝突が起こらないうちは小球の力学的エネルギーは保存されますので，各小球の全エネルギーはこの値と等しくなります。小球ＰとＱが点Ｃで衝突する直前のそれぞれの位置エネルギーは $\frac{1}{2}K\left(\frac{R}{2}\right)^2$ です。よって，力学的エネルギー保存則より，運動エネルギーは次のようになります。

$$\frac{1}{2}KR^2-\frac{1}{2}K\left(\frac{R}{2}\right)^2=\frac{3}{8}KR^2$$

そして衝突が起こるわけですが，小球ＰとＱの速さは衝突によって次のように変化するので，それぞれ運動エネルギーは e^2 倍となります（運動エネルギーは速さの２乗に比例するため）。

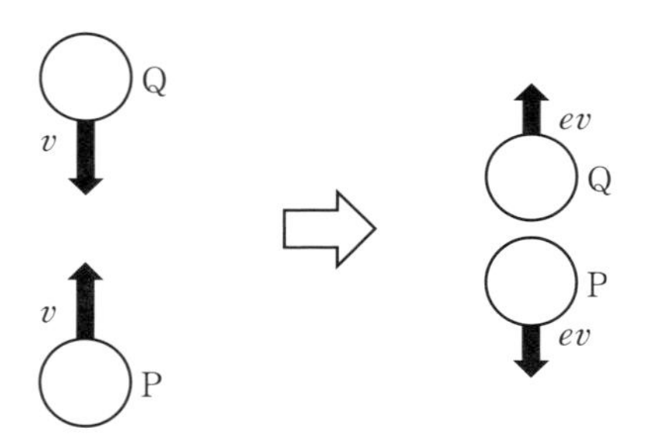

よって，衝突後の小球Ｐの運動エネルギーは $\frac{3}{8}KR^2e^2$ となり，その後，折り返し点Ｄに到達するのです。このとき，次のように力学的エネルギー保存則が成り立つことがわかります。

点Ｃにおける力学的エネルギー＝点Ｄにおける位置エネルギー

$$\frac{1}{2}K\left(\frac{R}{2}\right)^2+\frac{3}{8}KR^2e^2=\frac{1}{2}Kd^2$$

これより，距離 d は次のように求められます。

$$d=\frac{R}{2}\sqrt{1+3e^2}\quad\cdots\cdots\ \textbf{（答）}$$

設問Ⅲの問題文からもわかるように，１回目の衝突後，小球Ｐは振幅 d の単振動をします。ＰとＱが持つ力学的エネルギーは等しいので，Ｑも同じように振幅 d の単振動をします。そして，再びＰとＱは衝突します。どのようなタイミングで２回目の衝突が起こるのでしょう？　これも，単振動を等速円運動に変換すると考えやすくなります。

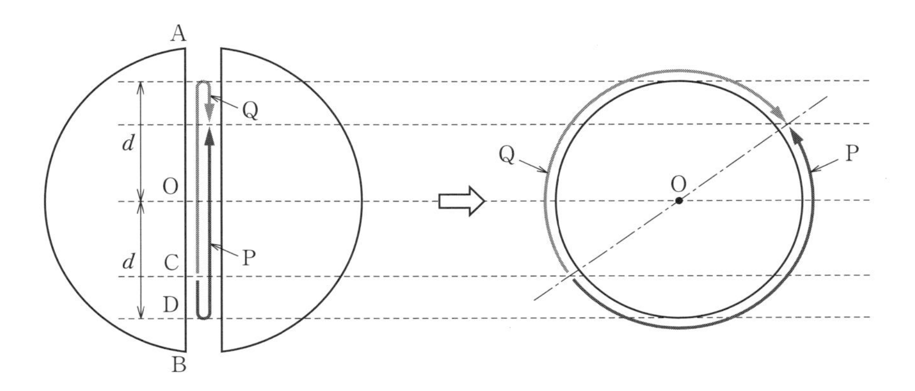

これより，小球ＰとＱは中心Ｏを挟んで，１回目の衝突点（OBの中点C）のちょうど逆側で２回目の衝突をすることがわかります。つまり，**(答) AOの中点**です。

２回目の衝突でも，小球ＰとＱの持つ力学的エネルギーは減少します。そのため，さらに単振動の振幅が小さくなります。それでも次のように，やはり中心Ｏを挟んでちょうど逆側（つまり，１回目の衝突が起こった位置C）で３回目の衝突をするようになります。

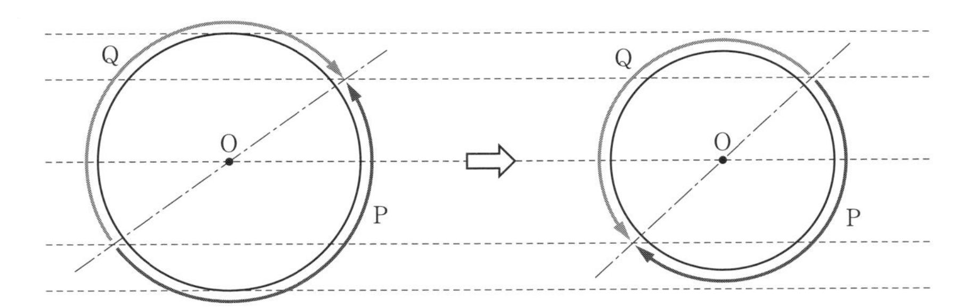

そして，やはり小球ＰとＱの衝突直後の速さは減少します。このように，小球P，Ｑは衝突の位置は変えずに速さがどんどん小さくなることを繰り返していきます。そうすれば，**(答) やがて２つの小球は一体となり，衝突地点Cを端点（変位が最大になる位置）とした単振動をするようになる**と理解で

きるのです。もちろん，その振幅は $\dfrac{R}{2}$ です。

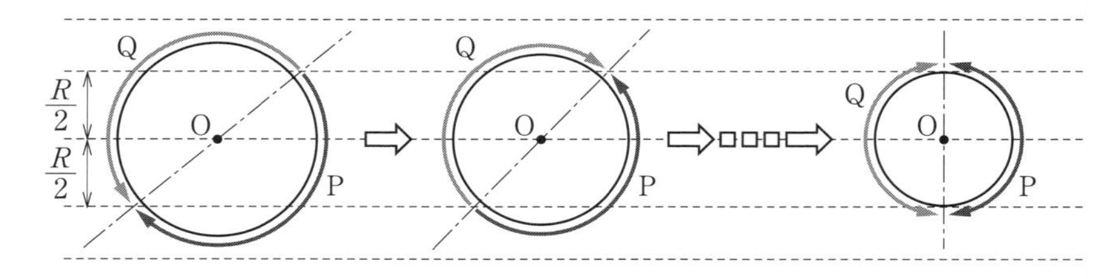

以上の考察からわかるのは，小球 P と Q がはねかえり係数１の弾性衝突をしない限り，トンネルから抜け出すことができなくなるということです。地球トンネルが完成したら，飛び込むのは１人ずつにしたほうがよさそうですね。

第2章

身近な現象を解き明かす

2.1 積木崩しの成功条件

積木（つみき）を重ねて積んだ後に，交代で１個ずつ引き抜いていく「積木崩し（つみきくずし）」は，幼い子どもから大人まで楽しめて，簡単にスリルを味わえる遊びです。単純ながら，積木崩しはなかなか奥が深い遊びです。例えば，１個だけを引き抜くのに，都合のよい積木の重ね方があるのです。「こう重ねておけば簡単に引き抜けるけど，違った重ね方をしたらほぼ絶対に１個だけを引き抜くことはできない」といった感じです。また，積木を置く場所も重要です。ツルツルした床の上なのか絨毯（じゅうたん）の上なのか，そういったことで，特に一番下の段の積木を１個だけ引き抜けるかどうかが決まります。

2017 年（平成 29 年）の東大入試では，積木崩しをテーマとする問題が出題されました。この問題を通して，積木崩しの必勝法を考えてみましょう。まずは，導入文を確認します。

Lead

> 質量が M の直方体の積木を９個用意し，床の上に重ねて積むことを考える。積木の密度は一様であるとし，動力加速度の大きさを g で表す。積木どうしの静止摩擦係数を μ_1，積木と床との間の静止摩擦係数を μ_2 とする。積木の側面の摩擦は無視できるものとし，積木の面に垂直に加わる力は均一とみなしてよい。また，積木にはたらく偶力によるモーメントは考えなくてよい。

ここでは，９個の積木を使います。そして，まずは次の設問(1)のように積み重ねて，一番下の段の積木だけを引っ張ることを考えます。

> (1)　$\mu_2=\mu_1$ とする。図１のように積木を３段に互い違いに重ねて積み，下の段の真ん中の積木を長辺と平行な向きに静かに引っ張り，力を少

しずつ増やしていったところ，あるときその積木だけが動き始めた。積木が動き始める直前に引っ張っていた力の大きさを求めよ。

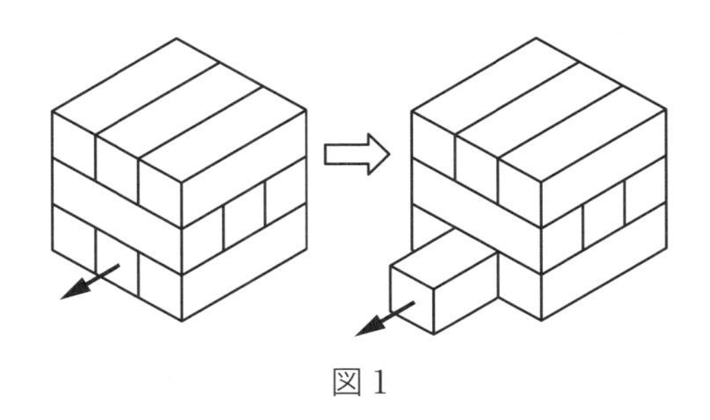

図 1

さて，問題文にあるように，積木を引っ張ってもすぐには動き出しません。それは，引っ張り出そうとしている積木が，接する上面（2 段目の積木）と下面（床面）からそれぞれ摩擦力を受けるからです。引っ張る力を大きくすると，摩擦力も大きくなります。両者がつり合っている間は，積木が動き出すことはありません。しかし，この摩擦力（静止摩擦力）の大きさには限界があります。引っ張る力を大きくしていくと，やがて摩擦力は限界に達します。これが，動き出す直前の状態です。

それでは，積木が受ける摩擦力の限界（最大値）を求めてみましょう。積木 1 個の質量が M なので，上面と下面からそれぞれ，下の段の積木は次のような大きさの垂直抗力を受けます。

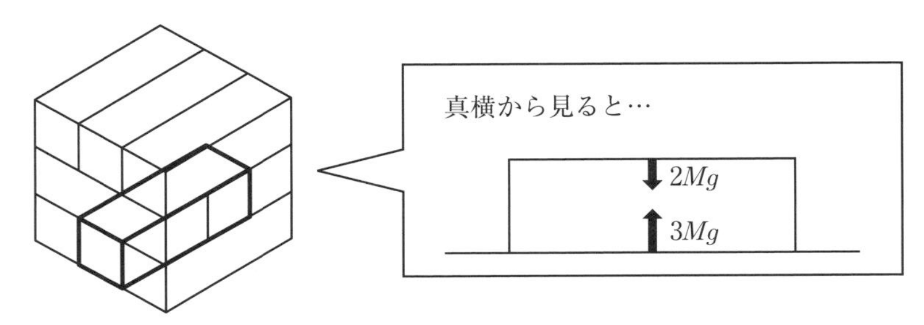

よって，上面と下面から受ける最大摩擦力は，次のような大きさとなります。

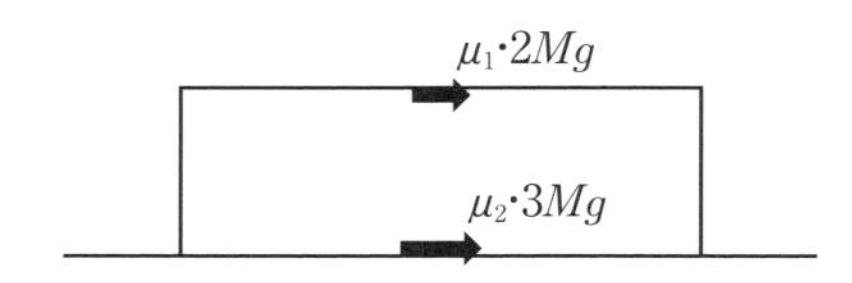

積木が動き始める直前には，このような摩擦力がはたらきます。そして，力のつり合いがギリギリ成り立っています。このことから，積木を引っ張る力は，$\mu_2 = \mu_1$ より，次のように求められます。

$$\mu_1 \cdot 2Mg + \mu_2 \cdot 3Mg = 5\mu_1 Mg \quad \cdots\cdots \text{（答）}$$

ところで，設問(1)のような積み重ね方をした場合，必要な大きさの力で引っ張れば，必ず積木１個だけを引き抜くことができます。いくつかの積木が一緒になってしまうことはありません。そのことは，以下のようにして検証できます。

大きさ $5\mu_1 Mg$ の力で引っ張った瞬間，その上にある積木にはそれぞれ次のような力がはたらきます。

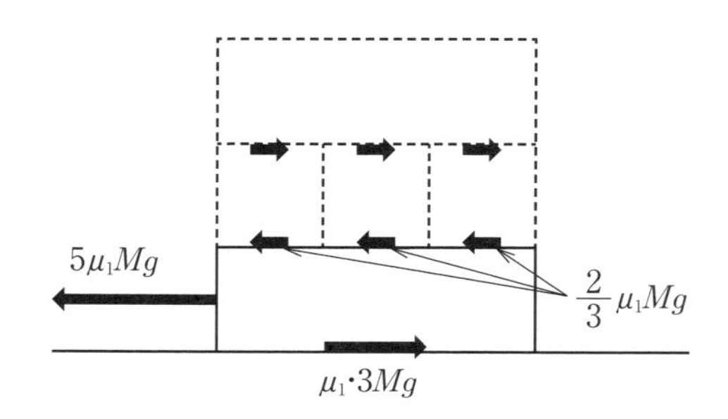

Note

$\frac{2}{3}\mu_1 Mg$ は，最大摩擦力 $\mu_1 \cdot 2Mg$ の反作用を３等分したものです。

したがって，２段目の積木が静止し続けるには，上面からそれぞれ $\frac{2}{3}\mu_1 Mg$ の大きさの静止摩擦力がはたらく必要があります。この値は，上面（１段目の積木）から受ける最大摩擦力 $\mu_1 Mg$ 以下ですから，実現可能です。つまり，下の段の真ん中の積木が動き出す瞬間，2段目の3個の積木は静止したままであることが確認できるのです。

それでは，積木の積み重ね方を次の設問(2)（図2）のようにした場合は，どうでしょうか？

(2)　$\mu_1 \neq \mu_2$ とする。図2のように設問(1)と違う向きに積木を重ねて積み，下の段の真ん中の積木を長辺と平行な向きに静かに引っ張り，力を少しずつ増やしていったところ，下の段の真ん中の積木と2段目の真ん中の積木が同時に動き始めた。このような状況が起こるための μ_2 の範囲は $\mu_2 >$ [ア] と表される。[ア] に入る式を求めよ。

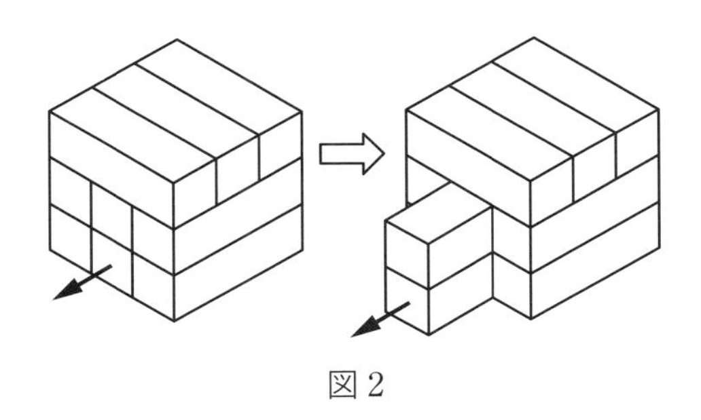

図2

実は，この場合はどんなに頑張っても，下の段の真ん中の積木1個だけを引き抜くことは不可能なのです。どうしてでしょう？

もしも下の段の真ん中の積木が1個だけで動き出すとしたら，その直前，次のような大きさの最大摩擦力が積木にはたらくことになります。

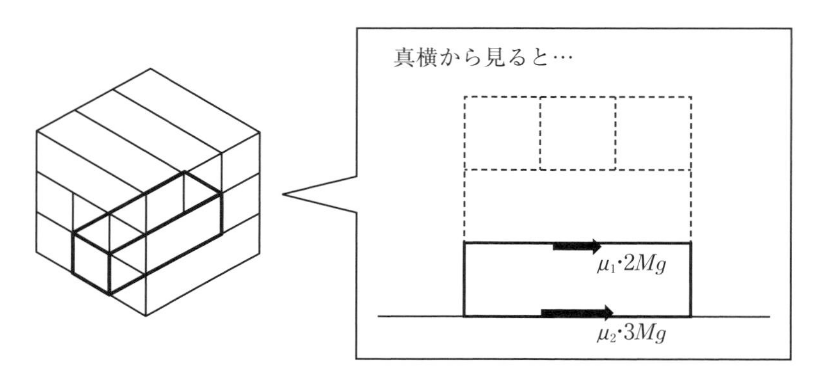

そして，そのときに２段目の真ん中の積木が静止しているとしたら，次のように摩擦力がはたらいている必要があります。

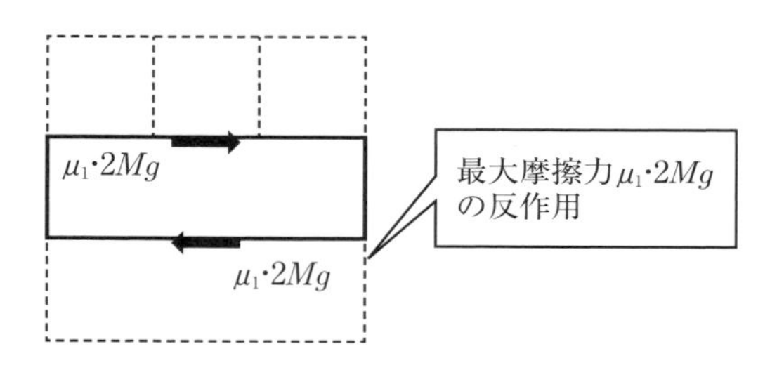

しかし，このとき１段目の積木から受ける必要がある力 $\mu_1 \cdot 2Mg$ は，１段目の積木からはたらく最大摩擦力 $\mu_1 \cdot Mg$ を超えています。ここから，２段目の真ん中の積木が静止したまま，下の段の真ん中の積木だけが動き出すことはあり得ないとわかるのです。積木崩しをするときには，積み重ね方によっては，積木１個だけを引き抜こうとしても絶対に無理な場所があることが理解できますよね。

それでは，下の段の真ん中の積木を引っ張ったとき，積木はどのように動き出すのでしょう？　可能性としては，次の①～④が考えられます。

①　１個だけ動き出す。（あり得ないことを説明しました。）

②　２個（下の段の真ん中＋２段目の真ん中）で動き出す。

③　５個（下の段の真ん中＋２段目の真ん中＋１段目の３個）で動き出す。

④　９個全部が一緒に動き出す。

②～④を，順に検証してみましょう。

まず，②です。これは設問になっている状況ですから，起こりうるはずです。下の段の真ん中の積木と２段目の真ん中の積木を一体と考えると，動き出す直前には次のような摩擦力がはたらきます。

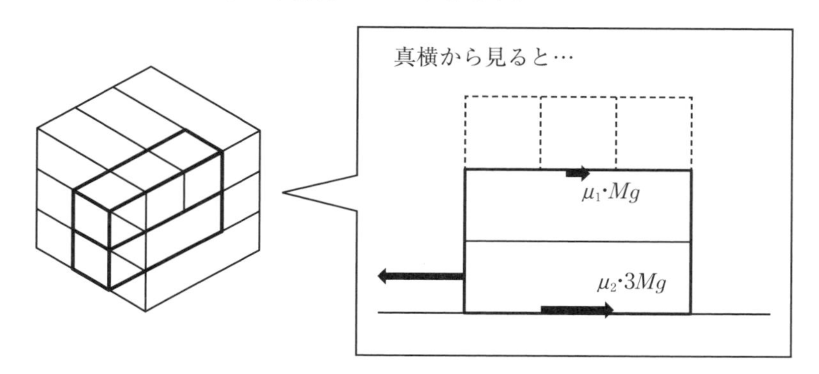

これより，大きさ $\mu_1 Mg + \mu_2 \cdot 3Mg$ よりほんのわずかに大きな力を加えれば，２個の積木が一体となって動き出すことがわかります。

続いて，③を考えます。この場合は，動き出す直前には次のような摩擦力を受けます。

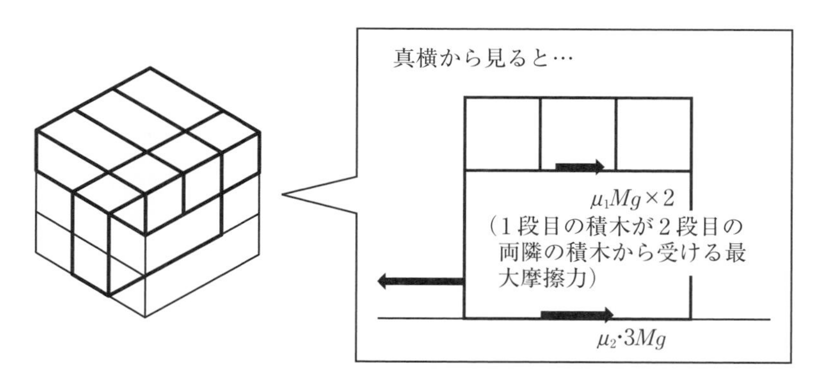

これより，大きさ $2\mu_1 Mg + \mu_2 \cdot 3Mg$ よりほんのわずかに大きな力を加えると，③が起こることがわかります。しかし，この値は②が起こる力よりも大きな値です。つまり，**③が起こる前に②が起こってしまう**ということであり，実際には③は起こりえないことがわかるのです。

最後に，④です。この場合は，動き出す直前には次のような摩擦力がはたらきます。

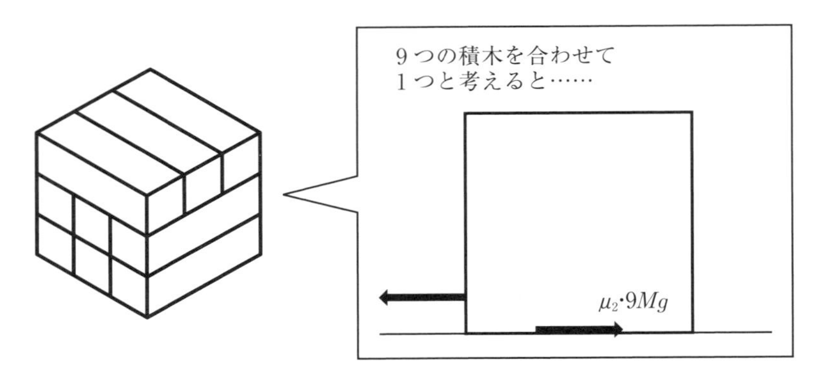

つまり，大きさ $\mu_2 \cdot 9Mg$ よりほんのわずかに大きな力を加えると④が起こるということです。

以上の考察から，可能性として残ったのは②と④です。実は，２つの現象は μ_1 と μ_2 の大小関係次第でどちらも起こり得るのです。そのような中で，④ではなく②が起こるための条件を問われているのが，この設問(2)なのです。④ではなく②が起こるということは，**④が起こる前に②が起こる**，と言い換えることができます。それは，

②が起こる力 $\mu_1 Mg + \mu_2 \cdot 3Mg <$ ④ が起こる力 $\mu_2 \cdot 9Mg$

であれば実現されます。整理すると，次のようになります。

$\mu_2 > \dfrac{\mu_1}{6}$ ……（答）

積木崩しをするとき，狙い通りに引き抜けるかどうかは，このように摩擦係数の関係で決まることがわかります。ここで必要な条件は，積木と床の間の静止摩擦係数 μ_2 が積木どうしの静止摩擦係数 μ_1 の $\dfrac{1}{6}$ 以上であればよいということですから，実現の可能性が高いと言えるでしょう。逆に，$\mu_2 < \dfrac{\mu_1}{6}$ であれば，９個の積木が一緒にすべり出すということになるわけですが，これが起こる状況は限定的（かなり滑らかな床の上で行う必要があります）であることもわかるのです。そんなことを考えながら積木崩しをしてみるのも，面白いかもしれませんね。

2.2 絶対にたどり着けない場所

雪上でのスキーやスノーボード，ソリなどは，自分ですべり方をコントロールできる遊びです。すべるスピードを調節すれば，好きなすべり方を楽しめます。ゆっくりと斜面に沿ってすべることも，勢いをつけて途中で飛び上がることも自在です。ところが，コースの形によっては必ずしも好きなようにすべれるわけではないようです。コースの途中には，「絶対にたどり着けない地点」が存在することもあるようです。

1995 年（平成 7 年）の東大入試問題では，一度，斜面を下った後に再び上っていくコースを考えます。これはちょうど，斜面にこぶがあるような状況です。どうして，好きなようにすべることができないのでしょうか？　問題を解きながら，その謎を解いていきましょう。まずは，導入文を確認します。

Lead

図のように，直線と半径 r の円弧とからなる軌道を考える。円弧は点 C，E，F で軌道の直線部分と滑(なめ)らかにつながっている。初速度 0（ゼロ）で点 A から質量 m の球が斜面に沿ってすべり落ちるとき，球は軌道に沿って摩擦なしで運動する。点 B，F，H は水平線上にあり，直線部分 AB は水平線と角度 α をなす。重力加速度を g とし，球の半径は十分小さいとする。

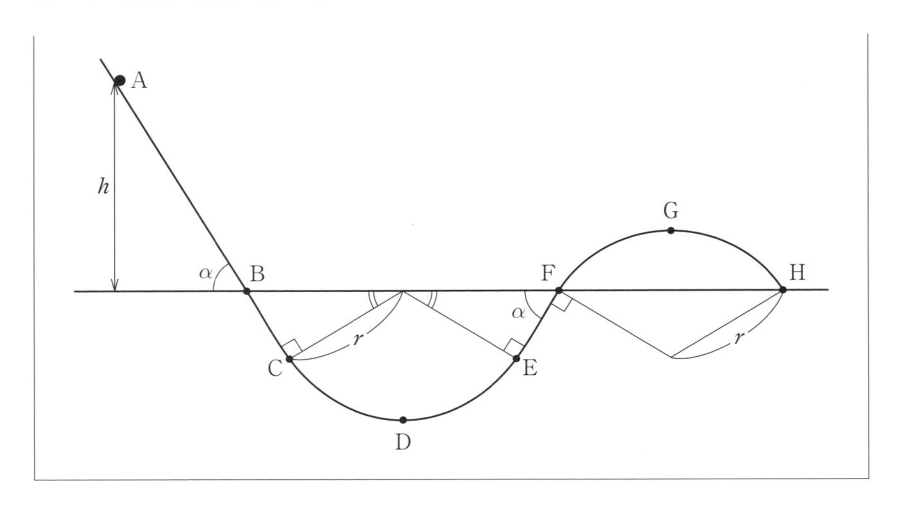

球は，点Aから斜面を勢いよく下った後，点Dを境に上昇に転じます。頂点Gを目指して上っていくのです。そして，点Aから点Hに至る軌道上にたどり着けない場所があるとしたら，それは，**球が軌道から離れてしまうか後戻りしてしまうか**，どちらかのことが起こるということです。ただし，球を出発させる位置を高くしさえすれば，後戻りは防げそうです。ですから，“絶対に”たどり着けない場所というのは，そこへ到達する前に球が浮き上がってしまうようなところでしょう。

それでは，どのようなところで球は浮き上がってしまうのでしょうか？それを考える鍵（かぎ）が設問(1)にあります。

(1)　この球が軌道から受ける最大の抗力を求めよ。

軌道上の面に対する球の密着度が小さくなるほど，軌道から受ける垂直抗力は小さくなります。球が軌道から受ける垂直抗力の大きさを調べることは，軌道上の面との密着度を調べることになるのです。

さて，球が運動する間に軌道から受ける垂直抗力の大きさは変化するのですが，その原因は2つあります。球の速さが変化することと，軌道の形が変わることです。このことは，次のように整理することができます。

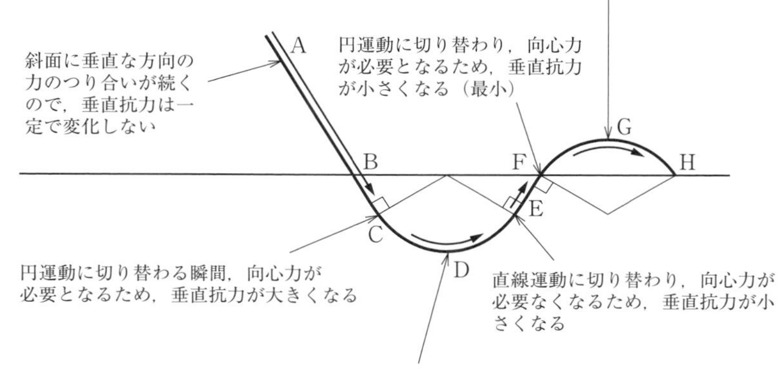

この図から，球の受ける垂直抗力Nが最大となる可能性があるのは，2つの点DとGに絞ることができます。そして，点DとGにおける垂直抗力N_DとN_Gについて，

点D：向心力 $=N_D-mg>0$ より，$N_D>mg$

点G：向心力 $=mg-N_G>0$ より，$N_G<mg$

であることから，点Dで垂直抗力が最大値N_Dとなることがわかります。

Note

向心力は，円の中心方向にはたらく力です。また，物体が円運動をするには，向心力>0であることが必要です。

よって，点Dにおける球の速さをv_Dとして，

点Aと点Dにおける力学的エネルギー保存の式，

$$mg(h+r)=\frac{1}{2}mv_D{}^2$$

点 D での運動方程式，

$$m\frac{v_D{}^2}{r}=N_D-mg$$

この２式から $v_D{}^2$ を消去して，次のように垂直抗力の最大値 N_D を求めることができます。

$$mv_D{}^2=2mg(h+r)=r(N_D-mg)$$

$$\therefore\ N_D=mg\left(3+\frac{2h}{r}\right)\ \cdots\cdots\ \textbf{(答)}$$

続いて，設問(2)をみていきましょう。

(2)　出発点 A での球の高さ h がある値 h_0 を超えると，球が運動の途中で軌道から浮き上がる。h_0 を求めよ。

いよいよ球が軌道から浮き上がることを考えるわけですが，やはりポイントは垂直抗力です。球が軌道から浮き上がる（離れる）ための条件は，次のように表すことができるのです。

軌道から受ける垂直抗力 $N \leqq 0$

設問(1)では垂直抗力 N が最大となる地点を求めましたが，逆に最小となる地点も求められます。先ほどの考察を簡潔に表すと次のように表せることから，点 F で軌道からの垂直抗力が最小となることがわかります。

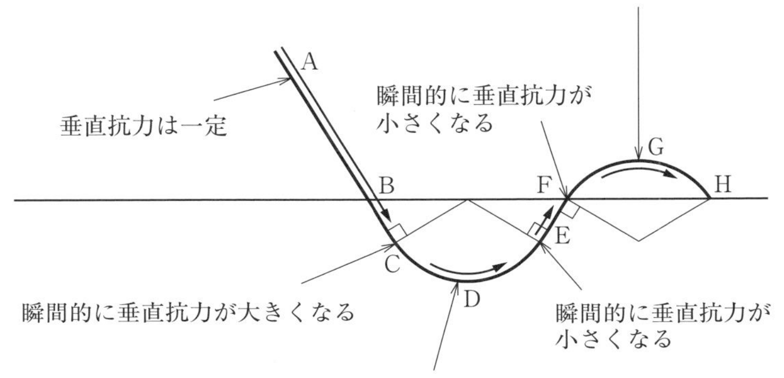

よって，出発点Ａでの球の高さ h を徐々に大きくして，最初に「球が軌道から離れる」という現象が起こるのは，点Ｆとなるのです。そこで，設問(1)のときと同じように力学的エネルギー保存則を使って考えてみましょう。点Ａと点Ｆの高低差は h なので，点Ｆでの速さを v_F とすると，次のように表すことができます。

$$mgh=\frac{1}{2}mv_F{}^2 \quad \cdots\cdots\text{(a)}$$

また，点Ｆでの垂直抗力を N_F として，運動方程式は次のようになります。

$$m\frac{v_F{}^2}{r}=mg\cos\alpha-N_F$$

この二式から $v_F{}^2$ を消去すると，

$$mv_F{}^2=2mgh=r(mg\cos\alpha-N_F) \qquad \therefore\ N_F=mg\left(\cos\alpha-\frac{2h}{r}\right)$$

設問(2)の問題文から，$h=h_0$ のときに $N_F=0$ となればよいわけですから，

$$0=mg\left(\cos\alpha-\frac{2h_0}{r}\right) \qquad \therefore\ h_0=\frac{r}{2}\cos\alpha \quad \cdots\cdots\ \textbf{(答)}$$

と求められます。

以上の考察から，$h>h_0$ であれば，球が点Ｆから飛び上がることがわかりました。そして，高さ h の値をうまく調整すれば，球はちょうど円弧をはさんで反対側の点Ｈへ到達するようになるのです。その条件を求めるのが，次の設問(3)です。

> (3)　$h>h_0$ のとき，球が軌道から飛び上がり，点Ｈに落下した。このときの h の値を求めよ。

この設問(3)は，$v-t$ グラフ（速度 v と時刻 t の関係を表したグラフ）を使って考えてみましょう。球が点Ｆから飛び上がった後の運動について，水平方向と鉛直方向それぞれの $v-t$ グラフは次のように描けます。

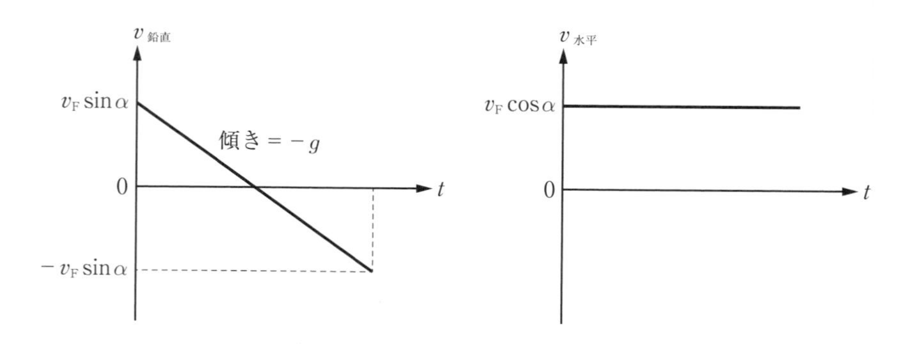

点Ｆから飛び上がった球が再び同じ高さへ戻ってくるとき，速度の鉛直成分の大きさは点Ｆにおける大きさと等しくなります。よって，鉛直方向のグラフから，その時刻 t は $\dfrac{2v_F\sin\alpha}{g}$ であるとわかります。

Note

$v_{鉛直}$ は，傾き $-g$ で $-2v_F\sin\alpha$ だけ変化するので，変化する時間は次のように求められます。

$$\frac{-2v_F\sin\alpha}{-g}=\frac{2v_F\sin\alpha}{g}$$

そして，その間の球の水平方向への移動距離は，速度の水平成分のグラフ

（$v_{水平}=v_{\mathrm{F}}\cos\alpha$）と t 軸とで囲まれた面積 $v_{\mathrm{F}}\cos\alpha\times\dfrac{2v_{\mathrm{F}}\sin\alpha}{g}$ になります。

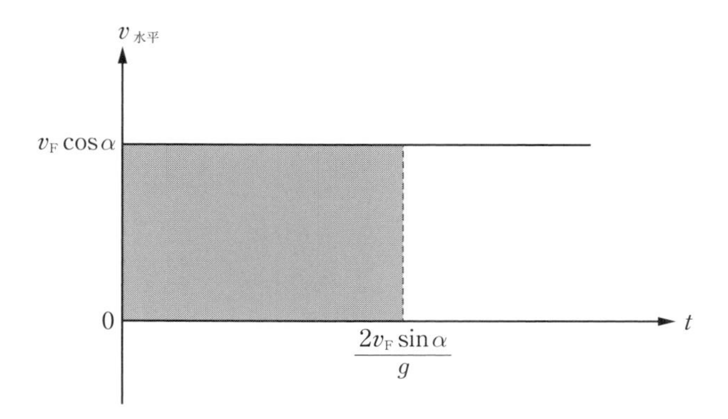

以上から，時刻 $t=\dfrac{2v_{\mathrm{F}}\sin\alpha}{g}$ にちょうど点 H に到達するには，

$$v_{\mathrm{F}}\cos\alpha\times\frac{2v_{\mathrm{F}}\sin\alpha}{g}=2r\sin\alpha \quad (\text{FH 間の距離})$$

であればよいことがわかります。この式と設問(2)の(a)式（p.71）から，h が次のように求められます。

$$\frac{2v_{\mathrm{F}}{}^2}{g}\sin\alpha\cos\alpha=2r\sin\alpha$$

$$\frac{2gh}{g}\cos\alpha=r \qquad \therefore\ h=\frac{r}{2\cos\alpha} \quad \cdots\cdots\ \textbf{(答)}$$

このように，出発点の高さ h を変えることで，ちょうど狙った地点へ到達できるというわけです。そして，角度 α によって，必要な高さ h は変わることがわかります。

(4)　高さ h を適当に選んで，球が軌道から浮き上がらずに点 G に到達するためには，角度 α がある条件を満たすことが必要である。この条件を求めよ。

次は設問(2)の場合とは逆に，球が浮き上がらない条件を考えるのです。つまり，ある条件を満たさないと，球が浮き上がらずに点Ｇへ到達することはできず，球が接することのない軌道部分ができるということなのです。その条件が満たされなければ，球が絶対にたどり着けない場所が発生するというわけですね。

それでは，順番に考察していきましょう。まず，点Ｆで浮き上がらないためには，点Ｆでの垂直抗力 $N_F \geqq 0$ を満たす必要があります。これが満たされるための条件は，設問(2)より，

$$h \leqq \frac{r}{2}\cos\alpha \quad \cdots\cdots(\text{b})$$

であることがわかります。ただし，これだけで点Ｇへ到達するわけではありません。点Ｇへたどり着く前に速さが０になる可能性があるからです。そうならないためには，力学的エネルギー保存則から考えて，次の条件が満たされる必要があることがわかります。

$$h \geqq r - r\cos\alpha \quad \cdots\cdots(\text{c})$$

Note

次の関係が成り立っていれば，球が点Ｇへ到達する前に運動エネルギーが０になることはなく，速さが０になることはありません。

点Ａの水平線からの高さ $h \geqq$ 点Ｇの水平線からの高さ $r - r\cos\alpha$

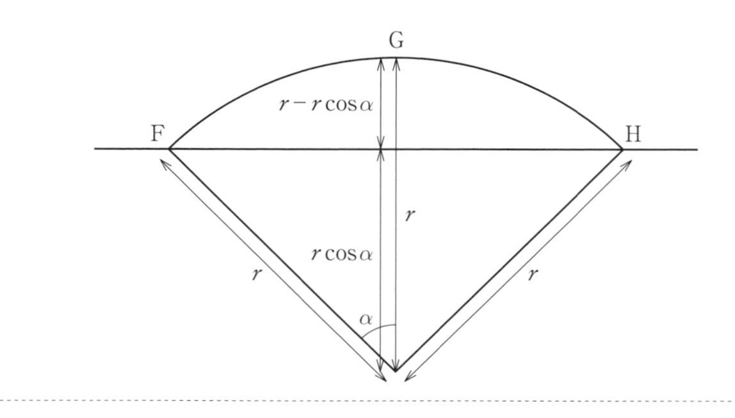

つまり，球が浮き上がらずに点Gへ到達するには，(b)式と(c)式の両方が満たされる必要があります。(b)式と(c)式をまとめると，次のようになります。

$$r-r\cos\alpha \leqq h \leqq \frac{r}{2}\cos\alpha$$

これを満たす高さ h から球を出発させればよいわけです。ただし，これを満たす h の値が存在するには，当然のことながら，次の条件を満たす必要があります。

$$r-r\cos\alpha \leqq \frac{r}{2}\cos\alpha$$

そして，これを整理すると次のようになり，求める条件が得られます。

$$\cos\alpha \geqq \frac{2}{3} \quad \cdots\cdots \text{（答）}$$

ちなみに，$\cos\alpha=\frac{2}{3}$ を満たす角度 $\alpha \fallingdotseq 48.2°$ です。角度 α をこれより大きくした軌道にすると，（$\cos\alpha$ の値は $\frac{2}{3}$ より小さくなるので）軌道から浮き上がらずに点Gへ到達することは，絶対に不可能になるのです（ただし，軌道から浮き上がって，ちょうど点Gへ落下することは可能です）。

傾斜角 48.2° というのは，相当大きな値です。スキー場などでは，ここまでの急斜面は普通ありません。しかし，そんなコースを作ったら，絶対にたどり着けない場所ができるのです。

2.3 宙返りできるジェットコースターのスタート位置

レールの上を駆け抜けるジェットコースター（ローラーコースター）は，ときには宙返りをします。考えてみれば，車両はレールに固定されているわけではありません。それなのに無事に（レールから外れずに）宙返りができるのは，例えばバケツに水を入れてブンブン振り回したときに水が落ちてこないのと同じように理解できます。バケツの水は，振り回すスピードが小さければこぼれ落ちてしまいますよね。ジェットコースターも，十分なスピードがなければレールから外れてしまう（！）ことになります。そのような惨事を避けるためには，十分な高さからジェットコースターを出発させる必要がありそうです。

2010年（平成22年）の東大入試問題では，ジェットコースターをどれだけの高さから出発させれば大丈夫なのかを，いろいろなパターンで検証しています。まずは，導入文をみてみましょう。

Lead

途中で宙返りするジェットコースターの模型を作り，車両の運動を調べることにした。線路は水平な台の上に図に示すように作った。車両はレールに乗っているだけであり，線路からぶら下がることはできない。車両の出発点である左側は斜めに十分高いところまで線路がのびている。中央の宙返り部分は半径 R の円軌道であり，左右の線路と滑（なめ）らかにつながっている。円軌道の最下部は台の上面に接しており，以後高さは台の上面から測る。車両の行き先である右側の線路も十分に長く作られているが，高さ R 以上の部分は傾斜角 θ の直線であり，この部分では車両と線路の間に摩擦がはたらくようにした。すなわち，ここでは２本のレールの間を高くしてあり，そこに車両の底面が乗り上げてすべる。傾斜角 θ は，この区間での動摩擦係数 μ を用いて，$\tan\theta=\mu$ となるように設定されている。線路のそれ以外の場所ではレール上を車輪が転がるので，摩擦は無視することができる。重力加速度の大きさを g とし，車両の大きさと空気抵抗は無視してよいものとする。

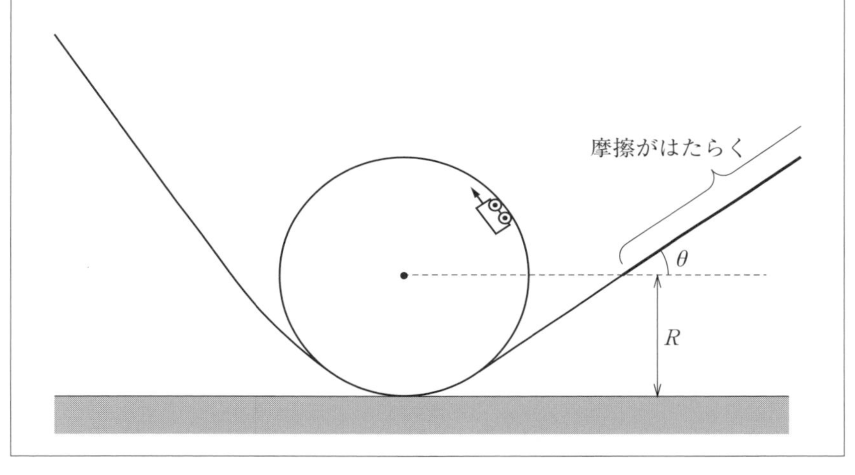

シンプルな状況ですが，ジェットコースターの設計の基本を理解できるような設定ですよね。まずは，設問(1)です。

(1) 質量 m_1 の車両 A が左側の線路上，高さ h_1 の地点から初速度 0（ゼロ）で動き始める。車両 A が途中でレールから離れずに，宙返りをして右側の線路に入るために h_1 が満たすべき条件を求めよ。

最初は単純に，1 つの車両がレールから離れず無事に宙返りするためには，どれだけの高さから出発させる必要があるかを考えます。ここで，「円軌道の最高点の高さは $2R$ なのだから，出発点の高さも $2R$ 以上なら大丈夫だろう」と考える人がいるかもしれません。たしかに，力学的エネルギー保存則をもとに考えたら，最初にそれだけの高さがあれば同じ高さのところまでたどり着けそうです。**しかし，実際にはそう単純ではありません。**車両に運動エネルギーが残っているけれどレールから離れてしまう，ということがあり得るからです。車両がレールから離れるかどうかを検証するには，レールから受ける**垂直抗力**についても調べる必要があるのです。

この考え方をもとに，設問(1)を解いてみましょう。宙返りの最高点における車両 A の速さを v_1 とすると，力学的エネルギー保存則の式は次のように書けます。

出発点　　　　宙返りの最高点

$$m_1g(h_1-2R)=\frac{1}{2}m_1{v_1}^2$$

次に，宙返りの最高点での様子を調べるために，運動方程式を書いてみます。車両 A は円運動しているので，レールから受ける垂直抗力を N として，運動方程式は次のように書けます。

$$m_1\frac{{v_1}^2}{R}=m_1g+N$$

Note

ここでは，回転の中心向きの円運動の加速度 $a=\frac{v^2}{r}$（r：半径，v：速さ）を，運動方程式 $ma=F$ へ代入しています。

以上のように，２つの式が書けました。２つの式から v_1 を消去して整理すると，宙返りの最高点において車両 A のレールから受ける垂直抗力 N が次のように求められます。

$${v_1}^2=2g(h_1-2R)=\frac{R}{m_1}(m_1g+N)\qquad\therefore\ N=m_1g\left(\frac{2h_1}{R}-5\right)$$

車両がレールから外れないためには，この N が０以上であればよいので，求める条件は次のように求められます。

$$m_1g\left(\frac{2h_1}{R}-5\right)\geqq 0\qquad\therefore\ h_1\geqq\frac{5}{2}R\quad\cdots\cdots\text{（答）}$$

このように，**円軌道の最高点の高さ 2R よりもさらに高い位置から出発しないと，車両は途中でレールから離れてしまう**ことがわかりました。ジェットコースターは，最初に高い位置に引き上げられてから低い位置に向かって高速運動に移行するパターンが多いですよね。それは，レールから離れないようにするためであることがわかります。

それでは，続いて設問(2)をみてみましょう。

> 次に，左側の線路につながる円軌道部分の最下点に質量 m_2 の車両 B を置いた。車両 A は円軌道に入るところで車両 B と衝突する。
> (2)　衝突後に 2 つの車両が一体となって動く場合を考える。車両 A は左側の線路の高さ h_2 の地点から初速度 0 で動き始める。一体となった車両がレールから離れずに宙返りするために，h_2 が満たすべき条件を求めよ。

1 つの車両が高い位置から出発して，静止しているもう 1 つの車両と途中で合体（**完全非弾性衝突**）するという設定です。こんな仕掛けの乗り物があったら面白そう（怖そう？）ですが，この場合はどれだけの高さが必要なのでしょう？

設問(1)の状況で，1 つの車両がレールから外れずに線路を進む場合，車両 A が線路の最下点を通過する瞬間の速さ v は，力学的エネルギー保存則から次のようにして求められます。

出発点　　最下点

$$m_1 g\cdot\frac{5}{2}R=\frac{1}{2}m_1 v^2 \qquad \therefore\ v=\sqrt{5gR}$$

レールから離れないためには，線路の最下点でこれだけの速さが必要なのですが，この v の値には車両の質量 m_1 が関係しません。つまり，**車両の質量が変わっても，この値は共通**だということです。

このことは，設問(2)において 2 つの車両 A，B が合体した場合でも同じです。2 つの車両は最下点で合体するわけですが，その直後の速さが $\sqrt{5gR}$ 以上であれば，無事に宙返りをするのです。

合体によって，車両Ａの速さは小さくなります。したがって，$\sqrt{5gR}$ 以上の速さが必要なわけですから，合体前の車両Ａはより大きな速さで運動している必要があります。つまり，設問(1)のときよりも高い位置から出発させなければならないのです。

それでは，その必要な高さ h_2 を求めてみましょう。車両Ｂと合体する直前の車両Ａの速さ v_1' は，力学的エネルギー保存則から次のように求められます。

出発点　宙返りの最高点

$$m_1gh_2=\frac{1}{2}m_1v'^2$$

$$\therefore\ v'=\sqrt{2gh_2}$$

そして，**合体（完全非弾性衝突）においても運動量保存則が成り立ちます**。この場合は，合体後の速さを v_0 として，次の式が書けます。

$$m_1v'=(m_1+m_2)v_0$$

これを整理すると，v_0 が次のように求められます。

$$v_0=\frac{m_1}{m_1+m_2}v'=\frac{m_1}{m_1+m_2}\sqrt{2gh_2}$$

そして，この v_0 の値が次の条件を満たしていれば，合体後に無事に宙返りできるというわけです。

$$v_0=\frac{m_1}{m_1+m_2}\sqrt{2gh_2}\geqq\sqrt{5gR}$$

この式を整理すると，h_2 の満たすべき条件が次のように求められます。

$$h_2\geqq\frac{5R}{2}\left(\frac{m_1+m_2}{m_1}\right)^2$$

ここで，$\dfrac{m_1+m_2}{m_1}>1$ ですから，この $\dfrac{5R}{2}\left(\dfrac{m_1+m_2}{m_1}\right)^2$ は設問(1)で求めた高さ $\dfrac{5}{2}R$ より大きいことがわかりますよね。

それでは，設問(3)のような場合はどうなるでしょう？

> (3)　2つの車両が弾性衝突をする場合を考える。車両Aは左側の線路の高さ h_3 の地点から初速度0で動き始める。車両Aは衝突後，直ちに取り除く。
>
> 衝突後に車両Bがレールから離れずに宙返りするために，h_3 が満たすべき条件を求めよ。

次は完全非弾性衝突ではなく，**弾性衝突**です。**反発係数（はねかえり係数）が1の衝突が「弾性衝突」で，これは一番大きく反発する衝突です。**なかなか激しい衝突ですが，実際にこのような乗り物があったらどうなるのでしょう？

設問(3)も，設問(2)と同じように車両Bの最下点での速さが $\sqrt{5gR}$ 以上であればよい，という考え方で解くことができます。そのためには，衝突直後の車両Bの速さを求める必要があります。

車両Aの出発点の高さが h_3 なので，車両Bへ衝突する直前の車両Aの速さ $v''=\sqrt{2gh_3}$ となります。そして，弾性衝突については，「運動量保存則」を表す式と，「反発係数が1であること」を示す式を書いて考えます。衝突後のAの速度を v_1，Bの速度を v_2 として，それぞれ次のように書けます。

運動量保存則：$m_1\sqrt{2gh_3}=m_1v_1+m_2v_2$

反発係数の式：$-\dfrac{v_1-v_2}{v''}=1 \quad \rightarrow \quad v_2-v_1=\sqrt{2gh_3}$

2つの式から v_1 を消去すると，

$$m_1\sqrt{2gh_3}=m_1(v_2-\sqrt{2gh_3})+m_2v_2 \qquad \therefore\ v_2=\frac{2m_1}{m_1+m_2}\sqrt{2gh_3}$$

と求められます。これが，次の関係，

$$v_2=\frac{2m_1}{m_1+m_2}\sqrt{2gh_3}\geqq\sqrt{5gR}$$

を満たせばよいので，求める条件は次のように求められます。

$$\frac{2m_1}{m_1+m_2}\sqrt{2gh_3} \geqq \sqrt{5gR}$$

$$\left(\frac{2m_1}{m_1+m_2}\right)^2 \times 2gh_3 \geqq 5gR \qquad \therefore\ h_3 \geqq \frac{5}{2}R\left(\frac{m_1+m_2}{2m_1}\right)^2 \quad \cdots\cdots \text{（答）}$$

ところで，この $\frac{5}{2}R\left(\frac{m_1+m_2}{2m_1}\right)^2$ は設問(1)で求めた高さ $\frac{5}{2}R$ より大きいでしょうか，小さいでしょうか？

それは，$\boldsymbol{m_1}$ と $\boldsymbol{m_2}$ との大小関係によって決まります。

もしも $m_1 > m_2$ なら，

$$m_1+m_2 < 2m_1 \qquad \therefore\ \frac{m_1+m_2}{2m_1} < 1$$

つまり，設問(1)のときより低い高さから車両Aを出発させても，車両Bは無事に宙返りすることができるというわけです。この仕組みを利用すれば，ジェットコースターの設計で，必要な高さを減らすことができそうですね。もちろん，$m_1 < m_2$ の場合は $\frac{m_1+m_2}{2m_1} > 1$ となるので，車両Aを設問(1)の場合よりも高いところから出発させなければならなくなります。

こんな問題を考えてみると，ジェットコースターがどのような考え方で設計されているのか，その一部が理解できそうです。そして，「たしかに安全に設計されているな」と理解できれば，ジェットコースターも怖くなくなるのでしょうか？

2.4 防波堤の設計

波の進行方向に障害物が存在するとき，波は障害物の裏側へ回り込んで伝わっていく性質があります。この現象を，波の**回折**といいます。例えば，音波は非常に回折しやすい波です。音波が壁の向こう側へ回り込むため，見えないところで話している声が聞こえることがありますよね。ほかにも，電波は建物の裏側へ回り込みますから，そのおかげで，建物のかげ（陰）にいても通信を行うことができます。

1997 年（平成 9 年）の東大入試問題では，水面波が回折する様子を詳しく考察しています。これは，港の安全を守る防波堤の設計にも役立ちます。せっかく防波堤を造っても，波が大きく回折したら効果が発揮されないからです。さっそく，問題をみていきましょう。

Lead

図のように，外洋と港が直線状の防波堤によって隔てられ，平面波が外洋から打ち寄せている。この平面波の振幅および波長は一定で，波面は防波堤と平行である。防波堤には，船の出入りのため開口部が設けられており，その幅 h は，波の波長と大差ない程度の範囲で，変えることができる。波の速さは外洋でも港でも同じであり，防波堤や岸壁による波の反射は無視できるとする。

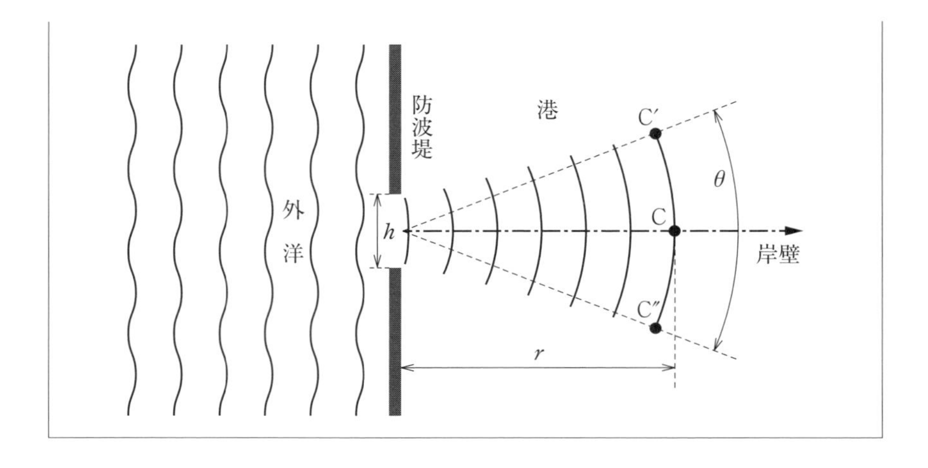

(1)　波は開口部を通して図のように港に入り，防波堤のかげに回り込む。このような現象は何と呼ばれるか。
(2)　開口部の中心から岸壁に向かって，防波堤と垂直に距離 r だけ離れた点 C を考える。r が h よりかなり大きい場合には，C 点での波の振幅 a は，開口部の幅 h に比例する。なぜそうなるか，理由を簡単に述べよ。

設問(1)の答えは，もちろん **(答)「回折」** です。

続く設問(2)では，港の防波堤からある程度離れた位置における振幅が，開口部の幅によってどう変わるかを考えます。

C 点では，防波堤の開口部の各点から送り出された波がやってきて，**波の重ね合わせ**が起こります。このとき，C 点が防波堤からかなり離れていれば，開口部の各点からの距離の差はほぼ無視できると考えて差し支えありません。少なくとも，開口部の幅と同程度である水面波の波長よりは，ずっと小さくなります。

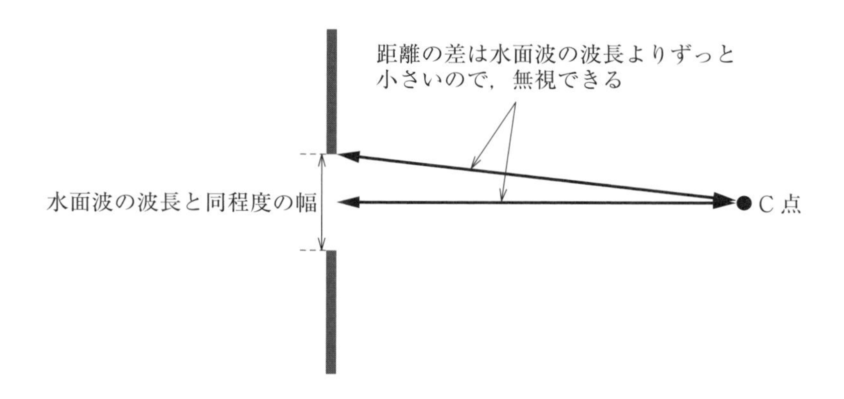

導入文にあるように，外洋から打ち寄せる平面波の振幅および波長は一定なので，防波堤の開口部の各点は同位相で振動します。そして，C 点へたどり着くまでの距離の差が無視できれば，C 点に同位相のまま到達すると考えられます。つまり，C 点では同位相で波の重ね合わせが起こり，**強め合う**ことになるのです。

(答) C 点に到達する波の量は，開口部の幅 h に比例します。そのため，それらが重ね合わさった振幅 a は，開口部の幅 h に比例することになるのです。

次は，防波堤の開口部を通過する波のエネルギーについて考えましょう。

Lead

港に入った波は，開口部から十分に遠くでは，開口部の中心を頂点とする，頂角 θ の扇形に広がると近似できる。また一般に，波面に沿う長さ L の区間を通過する波のエネルギーは，波の振幅が波面に沿って一定であるとき，波の振幅の 2 乗と L とに比例する。

この導入文の前半部は，前ページ（p.84）の図を見ればすぐに理解できますよね。後半部は少し面倒なことが書かれていますが，続く設問(3)を解く過程で説明していきますので，とりあえずは読み流しても OK です。

(3)　港に入り込んだ波の振幅は，頂角 θ があまり大きくない限り，円弧 C′CC″ に沿ってほぼ一定で，その外側では 0（ゼロ）になると近似できる。また，波のエネルギーは保存されるので，円弧 C′CC″ を通過する波のエネルギーは，開口部を通して港に入り込む波のエネルギーに等しい。これらのことと設問(2)から，開口部の幅 h を変えたとき，頂角 θ が h の何乗に比例して変わるか。

開口部を通過した波のエネルギーは保存され，波は円弧 C′CC″ を通過していきます。

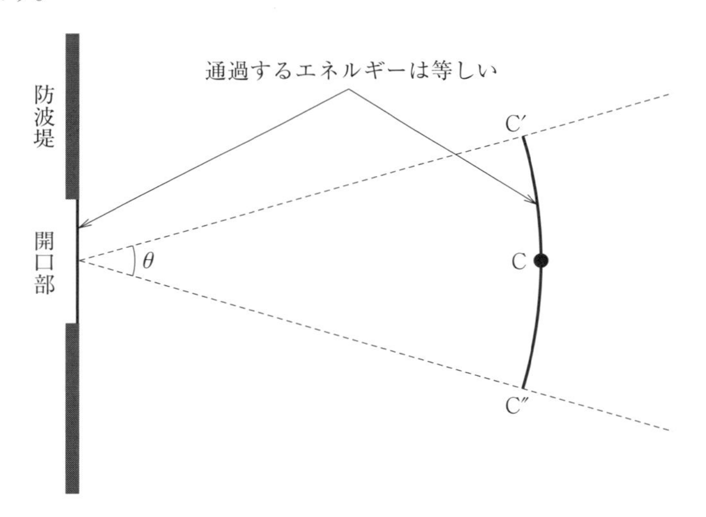

このとき，次の①，②の関係を確認する必要があります。

①　開口部を通過するエネルギーは，幅 h に比例する。

②　円弧 C′CC″ を通過するエネルギーは，C 点での振幅 a の２乗（a^2）に比例し，円弧 C′CC″ の長さ $L=r\theta$ にも比例する。

①は，開口部の幅が大きいほど多くの波が通過するので，それだけエネルギーが多くなるためです。②は，設問(3)の直前の導入文に書かれていることですね。

Note

円弧 C′CC″ の長さ（波面に沿う長さ）を L とすると，開口部からの距離（円弧の半径）r，頂角（円弧の中心角）θ を用いて，$L=r\theta$ で表されます。ただし，この θ は弧度法で表したものであることに注意が必要です。

そして，上記の①と②から，次の関係がわかります。

$h \propto a^2 \times r\theta$　（$\propto$は比例記号）

ここへ，設問(2)で求めた関係 $a \propto h$ を当てはめてみると，次のようになります。

$h \propto h^2 \times r\theta$

この設問(3)では，r は変えず h だけを変えた場合の θ の変化について考察しているので，r を消去します。その上で左右を h^2 で割ると，次のような関係が求められるのです。

$\theta \propto h^{-1}$　……（答）

そして，この関係は，**開口部の幅 h が大きくなるほど**，頂角 θ が小さくなること，すなわち**水面波の回折の度合いが小さくなる**ことを意味しています。

それでは，最後の設問(4)をみていきましょう。

(4)　C 点を防波堤から岸壁に向けてしだいに遠ざけていくとき，そこでの波の振幅 a は，距離 r の何乗に比例して変わるか。

ここでは，設問(3)と直前の導入文にあるように，開口部の幅 h が一定であれば頂角 θ が変化しないことがポイントになります。

さて，防波堤の幅 h が一定のときは，次のようになります。

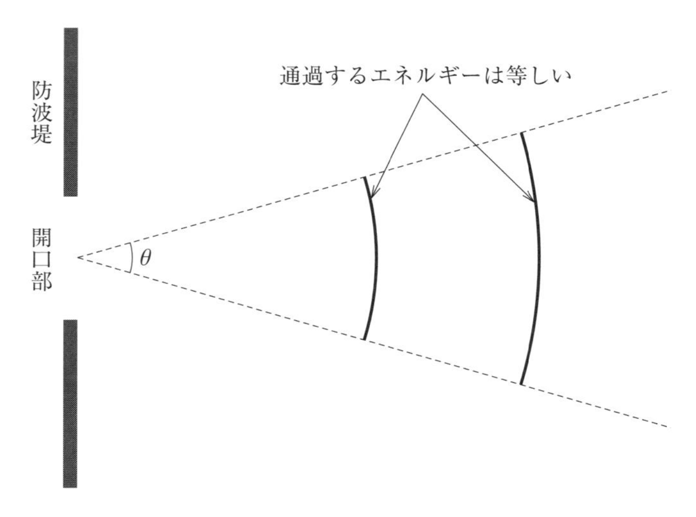

円弧を通過するエネルギーは，$a^2 r\theta$ に比例するのでした。θ が変化しないことから，

$$a^2 r = 一定$$

であり，ここから次の関係が求められます。

$$a \propto r^{-\frac{1}{2}} \quad \cdots\cdots \text{（答）}$$

以上のように問題を解くことができました。ここで，この問題の考察から得られる結論を整理してみましょう。

$$\begin{cases} a \propto h & \cdots\cdots Ⓐ \text{（設問(2)）} \\ \theta \propto h^{-1} & \cdots\cdots Ⓑ \text{（設問(3)）} \\ a \propto r^{-\frac{1}{2}} & \cdots\cdots Ⓒ \text{（設問(4)）} \end{cases}$$

関係Ⓐを考慮すると，岸壁での水面波の振幅 a を小さくして港を安全に保つには，防波堤の開口部の幅 h は小さくするのがよいことがわかります。しかし関係Ⓑからは，開口部の幅 h を小さくすると，水面波の回折の度合い θ が大きくなってしまう（港の広い範囲に波の影響が広がってしまう）こともわかるのです。したがって，防波堤の開口部の幅は，両者のバランスを考えながら決める必要がありそうです。

さらに関係Ⓒからは，防波堤から離れるほど（距離 r が大きくなるほど）岸壁での水面波の振幅 a が小さくなることがわかります。ただし，その度合いはそれほど大きくありません。防波堤からの距離 r を 4 倍にして，やっと振幅 a が半分になるという関係です。振幅を 3 分の 1 にするには，防波堤を岸壁から 9 倍も離れたところに築かなければいけません。岸壁から離れるほど水深も深くなるので，防波堤を築くのが大変になります。ですから，振幅が小さくなる効果との兼ね合いで，その位置を決める必要がありそうですね。

以上，防波堤の設計が単純でないことが実感できる問題でした！

第3章

身近な現象を深く理解する

 飛行機の速さと高度を求める方法

飛行機が比較的地上に近いところを通過していくとき，地上にいても飛行音が聞こえることがあります。さて，飛行機はどのくらいの高さを飛んでいるのでしょう？

飛行機がすぐ近くを飛んでいるように見えることもありますが，実際の距離はよくわかりません。このとき，聞こえる音の高さ（**振動数**）を測定することで，飛行機がどのくらいの速さで，どのくらいの高さの場所を飛んでいるのか，計算することができます。どうして，そんなことが可能なのでしょうか？

1983年（昭和58年）に東大入試で出題された問題を通して，その仕組みを理解することができます。

> 飛行機が東のほうから測定地点の真上を通過して西のほうへ飛んでいった。聞こえる音の振動数を測定したところ，振動数は単調に減少し，飛行機が西のほうへ遠く飛び去っていく際の音の振動数は，最初に遠く東のほうから聞こえ始めた音の振動数の $\frac{1}{3}$ であった。また，振動数が最初の振動数の $\frac{2}{3}$ から $\frac{1}{2}$ まで変化する時間は3.0秒であった。飛行機の速度 v と高度 h は一定として，v と h を求めよ。音速は $c=3.4\times10^2$ m/s とせよ。

飛行機が上空を通過していくとき，聞こえる音の振動数は変化します。これは，「**ドップラー効果**」と呼ばれる現象です。この問題を考える前に，ドップラー効果の基本を確認しておきましょう。

音源が観測者に対して近づいてくるとき，観測者には音の振動数が大きくなって観測されます。逆に，音源が観測者から遠ざかる場合は，振動数が小さくなって観測されます。その仕組みは，次のようなものです。

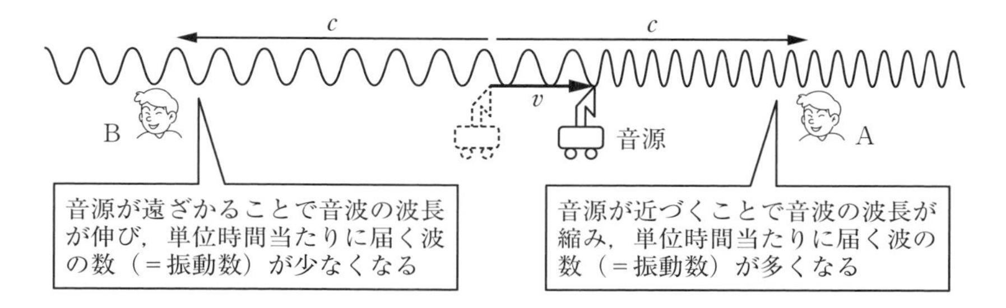

このことは，音速（音の速さ）c と音源の速さ v，音源が発する振動数 f を使うと，次のように表すことができます。

$$\text{観測者 A に聞こえる音の振動数} = \frac{c}{c-v}f$$

$$\text{観測者 B に聞こえる音の振動数} = \frac{c}{c+v}f$$

ただしこれは，音源が観測者に対して，まっすぐに近づく（遠ざかる）場合の式です。しかし，**現実にはそのような場面はあまり多くありません。**この問題でもそうですが，音源は観測者に対して斜めに近づく（遠ざかる）場合がほとんどなのです。そのような場合には，次のように聞こえる振動数を求めることができます。

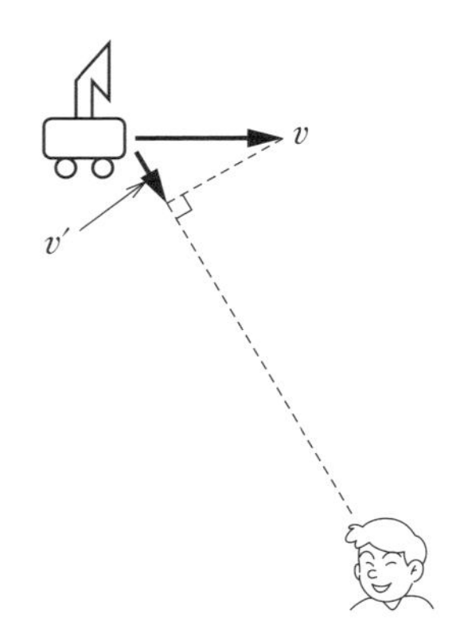

音源の速度の観測者に近づく方向の成分 v' を使って，観測者に聞こえる振動数 $f' = \dfrac{c}{c-v'}f$ と求められる（遠ざかる場合も同様）。

以上が，ドップラー効果による振動数の変化の求め方です。このことをもとに，飛行機の速さと高度をどのように求められるのか，考えてみましょう。

飛行機が遠く東のほうにいるときと，西のほうへ遠く飛び去っているときには，観測者に対してまっすぐ近づいたり遠ざかったりしていると近似できます。よって，飛行機の速さを v，飛行機が発する音の振動数を f_0 とすると，飛行機が遠く東のほうにいるときに聞こえる振動数 f_E，飛行機が西のほうへ遠く飛び去っているときに聞こえる振動数 f_W は，次のように表せます。

$$f_E = \frac{c}{c-v}f_0, \quad f_W = \frac{c}{c+v}f_0$$

問題文に，f_W は f_E の $\dfrac{1}{3}$ 倍であると書かれているので，次のような関係が成り立ちます。

$$\frac{c}{c+v}f_0 = \frac{1}{3} \times \frac{c}{c-v}f_0$$

これを整理し，問題文に与えられた数値を代入すると，速度 v は次のように求められます。

$$v=\frac{1}{2}c \quad \cdots\cdots \text{(a)}$$

$$=\frac{3.4\times10^2}{2}=1.7\times10^2\ \text{m/s} \quad \cdots\cdots \textbf{（答）}$$

まずは，このようにして飛行機の速さがわかりました。

次に，聞こえる振動数が最初の $\frac{2}{3}$ および $\frac{1}{2}$ になる音を発する瞬間の飛行機の位置を確認しましょう。各瞬間の飛行機の速度の，観測者に近づく方向の成分をそれぞれ v'，v'' とすると，振動数について，次のような関係が成り立ちます。

最初の $\frac{2}{3}$ になる瞬間：$\dfrac{c}{c-v'}f_0=\dfrac{c}{c-v}f_0\times\dfrac{2}{3}$

最初の $\frac{1}{2}$ になる瞬間：$\dfrac{c}{c-v''}f_0=\dfrac{c}{c-v}f_0\times\dfrac{1}{2}$

これらの式と上の(a)式から，v'，v'' が次のように求められます。

$$v'=\frac{1}{2}v, \quad v''=0$$

そして，飛行機の観測者に対する速度がこのようになる瞬間は，次のようなときです。

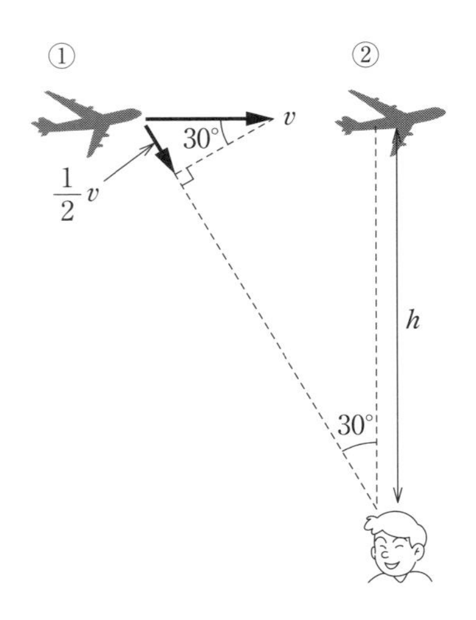

飛行機が①の位置で発した音が，最初の振動数の $\frac{2}{3}$ となって聞こえます。そして，②の位置で発した音が，最初の振動数の $\frac{1}{2}$ となって聞こえるのです。

さて，これらの位置で飛行機が発した音が観測者に届くまでには，どのくらいの時間がかかるのでしょう？　求めやすいのは，②の位置で発した音です。これが観測者に届くまでの時間は $t_{②}=\frac{h}{c}$ となります。①の位置で発した音については，観測者までの距離が $\frac{h}{\cos 30°}=\frac{2h}{\sqrt{3}}$ なので，届くまでの時間 $t_{①}$ は，

$$t_{①}=\frac{2h}{\sqrt{3}}\div c=\frac{2h}{\sqrt{3}c}$$

そして，飛行機が①の位置から②の位置へ移動するのにかかる時間 $t_{①\sim②}$ は，次のようになります。

$$t_{①\sim②}=h\tan 30°\div v=\frac{h}{\sqrt{3}}\div\frac{c}{2}=\frac{2h}{\sqrt{3}c}$$

以上のことから，①からの音が聞こえてから②からの音が聞こえるまでに

かかる時間は，次のようになります。

$$t_{①\sim②}+t_{②}-t_{①}=\frac{2h}{\sqrt{3}c}+\frac{h}{c}-\frac{2h}{\sqrt{3}c}=\frac{h}{c}$$

そして問題文から，この値が3.0秒だというわけですから，次のように高さ h の値が求められるのです。

$$\frac{h}{c}=3.0\text{秒} \qquad \therefore\ h=3c=3\times3.4\times10^2=1.02\times10^3\ \mathrm{m}\quad\cdots\cdots\ \text{(答)}$$

このように考えることで，**地上で聞こえる音だけを手がかりに，飛行機の速さと高度を求められる**ことがわかりました。目で見てもハッキリしないことが，音からわかってしまうのは何とも不思議ですね。

なお，求めた飛行機の速さ 1.7×10^2 m/s を時速に換算すると，およそ612 km/h です。飛行機は通常1,000 km/h ほどで飛行しますが，求めた高度が 1.02×10^3 m≒1 km と通常の約10 km よりもずいぶんと低いことから，速度が小さいことも納得できると思います。

3.2 聞こえる音から見えない相手の様子を知る

直接見ることのできない場所の様子を知りたいとき，どんな手がかりが考えられるでしょうか？　おそらく，一番の手がかりになるのは音でしょう。聞こえる音から誰が何をしているのか，わかることが多々あります。

1985年（昭和60年）に東大入試で出題された問題では，聞こえる音から音源の動きを推測する方法を考えています。実は，この方法は，遠い宇宙の様子を調べる天文学にも応用されています。宇宙からやってくる電磁波も，音波と同じ波だからです。この問題では，いろいろなことを知るのに幅広く活用されている方法が紹介されています。

まずは，導入文を読んで，どのような状況なのかを確認しましょう。

Lead

郊外のある静かな公園の一方の端の場所Ａに木立ちがあり，その木陰にブランコが置かれている。他方の端にはテニスコートがあり，その先に場所Ｂがある。場所Ａ，Ｂには，朝夕おのおの１人ずつ子供が来て，たて笛の練習をしている。そして，ときどき合奏のために，互いのたて笛の音の高さを合わせようとするが，おのおのの笛から出る音の振動数は，状況によって微妙に変化する。場所Ａ，Ｂにいる人々は互いには見えないが音や声は聞こえ，また各自の場所から動かないものとする。

ただし，場所Ａの気温は常に θ_0 [℃]，場所Ｂの気温は朝夕は θ_0 だが，夜には $(\theta_0-\Delta\theta)$ に下がる。その際，気温 θ における音速 c は，

$$c=c_0+\alpha(\theta-\theta_0)\ ;\ (\alpha>0)$$

にしたがって変化する。また重力加速度は g である。

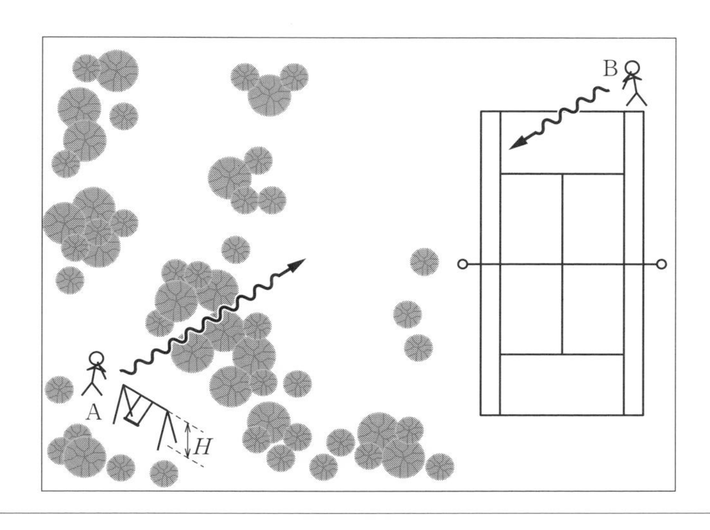

非常に面白い状況を考える問題ですよね。2つの異なる環境（場所A，B）で発した音の高さを合わせようとするわけですが，そのことを通してお互いの状況を知ることができるという流れになっています。さっそく，設問(1)をみてみましょう。

(1) 夕方，場所Bにいる子供が，場所Aからの音の振動数f_0に等しくなるように自分のたて笛の振動数を合わせた。やがて夜になり，先に合わせた音を再確認するために，2人の子供がおのおのの音をそれぞれの場所で先程合わせたままで出した。ところが，Bにいる子供のたて笛の音の振動数のほうがΔf_nだけ低いことがわかった。温度差$\Delta\theta$を求めよ。

場所Bにいる子供は，たて笛を使って音を出します。夜になると気温が$\Delta\theta$だけ下がるため，生じる音の振動数がΔf_nだけ低くなります。気温が下がることで振動数が小さくなる理由を正しく理解することが，この問題を解く鍵（かぎ）になります。

場所Ｂにいる子供は，たて笛で音を出しています。たて笛では，管の長さに応じた定常波が生じ，その音が聞こえるのです。**このとき生じる定常波の波長は管の長さだけで決まり，気温（音速）には無関係です。**つまり，夜になって気温が下がっても，発生する音波の波長が変わるわけではないのです。それにも関わらず振動数が変化するのは，音速が変化するからです。言葉だけで理解しようとすると難しいですが，波の基本式：$v=f\lambda$（v：速さ，f：振動数，λ：波長）をもとにすると整理できます。ここでは，λが一定のままvとfが比例しながら変化するとわかりますよね。

さて，導入文で与えられた音速cの式から，場所Ｂにおける夜の音速は$c_0+\alpha(\theta_0-\Delta\theta-\theta_0)=c_0-\alpha\Delta\theta$です。したがって，夜には，朝夕に比べて音速が$\dfrac{c_0-\alpha\Delta\theta}{c_0}$倍になります。また，音の振動数は$\dfrac{f_0-\Delta f_n}{f_0}$倍になります。2つ（音速と振動数）が比例することから，次の関係が成り立ち，これを解いて$\Delta\theta$が求められます。

$$\frac{c_0-\alpha\Delta\theta}{c_0}=\frac{f_0-\Delta f_n}{f_0} \qquad \therefore\ \Delta\theta=\frac{c_0\Delta f_n}{\alpha f_0} \quad \cdots\cdots \textbf{（答）}$$

ところで，このとき場所ＡからＢへ伝わる音の振動数は変化しないのでしょうか？　観測するのは気温が低下したＢなのですから，Ａから来た音波の振動数も小さくなるようにも思えます。しかし，そうはなりません。それは，**一度発せられた音波の振動数は，伝わる途中で気温が変化（＝音速が変化）しても変わらない**からです。Ａの気温は夜になっても変わらないため，発する音の振動数は変わりません。その音が気温の低いＢへ伝わるとき，音速は小さくなります。このとき，$v=f\lambda$のvが小さくなるのですが，fは変わらないということです。代わりに，この場合はλが小さくなるのです。以上のように，音を発する場所の気温の変化だけが，振動数fに影響するのですね。

それでは，続く設問(2)に進みましょう。

(2) 夜，場所 A にいる子供は疲れたので，自分のたて笛の振動数 f_0 の音を小さなテープレコーダーに吹き込んでブランコの台の上にのせた。場所 B で聞いていると，そのうちに場所 A から聞こえてくるたて笛の音の振動数が最小値 $(f_0-\Delta f)$ と最大値 $(f_0+\Delta f)$ の間で周期的に変動することが認められた。そこで，その周期を測ったところ T であった。このときの A の音源が A，B を結ぶ鉛直面内で単振動しているものと推測して，その速度 v を時刻 t の関数として式で表せ。

場所 A にある音源（テープレコーダー）がブランコにのせられて動くことで，ドップラー効果が起こります。p.93 で解説したドップラー効果の式を使うと，音源（テープレコーダーをのせたブランコ）が最大の速さ V で場所 B にいる観測者に近づく瞬間に発せられた音は，次のような振動数 f' で観測されることがわかります。

$$f'=\frac{c_0}{c_0-V}f_0$$

この f' が，B にいる観測者が聞く振動数の最大値となります。そして，この場合も**音波が気温の低い B へ伝わっても，振動数は変化しない**ことを確認しておきます。

以上のことから次の関係がわかり，これを解いて V が求められます。

$$f_0+\Delta f=f'=\frac{c_0}{c_0-V}f_0 \qquad \therefore\ V=\frac{\Delta f}{f_0+\Delta f}c_0 \fallingdotseq \frac{c_0\Delta f}{f_0}$$

Note

振動数の変化 Δf は，もとの振動数 f_0 に比べて微小であることから，このように近似できます。

この V の値と，周期が T であることから，ブランコの単振動の速度 v は次のように表すことができます。

$$v=V\sin\frac{2\pi}{T}t=\frac{c_0\Delta f}{f_0}\sin\frac{2\pi}{T}t \quad \cdots\cdots \text{(答)}$$

ところで，音源（テープレコーダーをのせたブランコ）が最大の速さ V で，B にいる観測者から遠ざかる瞬間に発せられた音波について考察しても，同じように求められます。

このときの音波は $f''=\frac{c_0}{c_0+V}f_0$ という振動数で観測されるので，次の関係がわかり，これを解いて V が求められます。

$$f_0-\Delta f=f''=\frac{c_0}{c_0+V}f_0 \qquad \therefore\ V=\frac{\Delta f}{f_0-\Delta f}c_0\fallingdotseq\frac{c_0\Delta f}{f_0}$$

それでは，いよいよ最後の設問(3)をみていきましょう。

> (3)　ところが，しばらくして場所 A から聞こえてくる音の振動数が $(f_0+\Delta f)$ で ΔT の時間だけ持続した後，急に f_0 に戻り，その後は変化しなくなった。テープレコーダーがブランコから落ちたものと推測される。ブランコの水平な支持棒の地面からの高さ H を求めよ。ただし，ブランコの網の質量は無視してよい。

まずは，ブランコの周期が T とわかっていることから，ブランコを**単振り子**とみなします。そして，ブランコを支持棒からつり下げた長さ L が次の関係を満たすことから，これを解いて L が求められます。

$$T=2\pi\sqrt{\frac{L}{g}} \qquad \therefore\ L=g\left(\frac{T}{2\pi}\right)^2$$

さらに，最大の振動数の音が ΔT の間だけ継続して聞こえたことから，ブランコが最大の速さで場所 B に近づく瞬間にテープレコーダーが落下したことがわかります。ブランコの速さが最大の瞬間に投げ出されるので，テープレコーダーは水平に投げ出されたことになります。

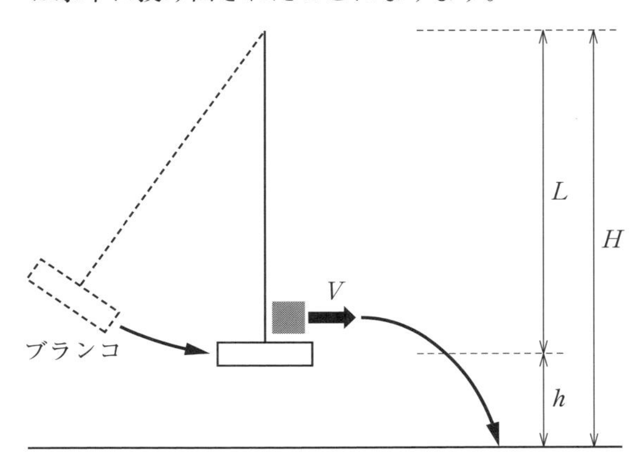

そして，着地するまで場所Bに近づきながら音を発し続けます。このとき，鉛直方向の運動は自由落下となるので，着地までの時間 $\varDelta T$ を使って，ブランコの台の地面からの高さ h は次のように表せます。

$$h=\frac{1}{2}g(\varDelta T)^2$$

以上より，ブランコの支持棒の地面からの高さ H が次のように求められます。

$$H=h+L=\frac{1}{2}g(\varDelta T)^2+g\left(\frac{T}{2\pi}\right)^2 \quad \cdots\cdots \textbf{（答）}$$

この問題では，相手の様子を見ることができない状況について考えました。そんな中でも，音波だけを手がかりとして，こんなにも具体的な様子を知ることができるのですね！

3.3 管楽器の音色の違い

美しい音を奏（かな）でる管楽器には，いろいろな種類があります。形や大きさは多様で，音色（ねいろ）（音質）も異なります。また，どこまで低い音を出せるかという音域にも違いがあります。これらの性質は，どのように決まっているのでしょう？

管楽器は，大きく二種類に分けることができます。**開管楽器**と**閉管楽器**です。両端が開いているのが開管楽器で，例えば小学校で習うリコーダーは開管楽器です。それに対して，一端だけが開いていて他端は閉じている場合は，閉管楽器といいます。例えば，クラリネットなどですね。

開管か閉管なのかという違いは，音色や最低音の違いの大きな要因になっています。2010 年（平成 22 年）の東大入試問題を通して，どのような違いが生じるのかを考えてみましょう。

> 管の中では気柱の共鳴という現象が起こるが，そのときの振動数を固有振動数と呼ぶ。なお，以下で用いる管は細いので，開口端補正は無視する。
>
> Ⅰ　管の長さを L，空気中の音速を V として以下の問いに答えよ。
>
> (1)　管の両端が開いているときの固有振動数のうち，小さいほうから３番目までの振動数を求めよ。
>
> (2)　管の一端が開いていて，他端が閉じられているときの固有振動数のうち，小さいほうから３番目までの振動数を求めよ。

ここでは，管楽器の中でどのような音波の振動が生じるのかを考えます。これによって，音の高さや音色が決まるからです。

設問Ⅰ(1)では，**開管**楽器の固有振動数を求めます。これは，生じる振動

（定常波）の図を描くと考えやすくなります。開管には，次のような定常波が生じます（波長が長いほうから3番目まで示しています）。

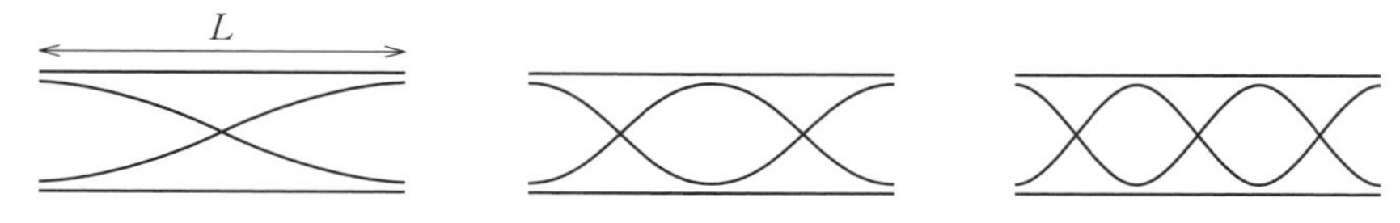

波長は左から$2L$，L，$\frac{2}{3}L$なので，音速Vを各波長で割って，固有振動数は**（答）$\boldsymbol{\frac{V}{2L}}$，$\boldsymbol{\frac{V}{L}}$，$\boldsymbol{\frac{3V}{2L}}$**と求められます。

これに対して設問Ⅰ(2)では，**閉管**楽器の固有振動数を求めます。この場合も，定常波の図を描いてみましょう。閉管には，次のような定常波が生じます（波長が長いほうから3番目まで示しています）。

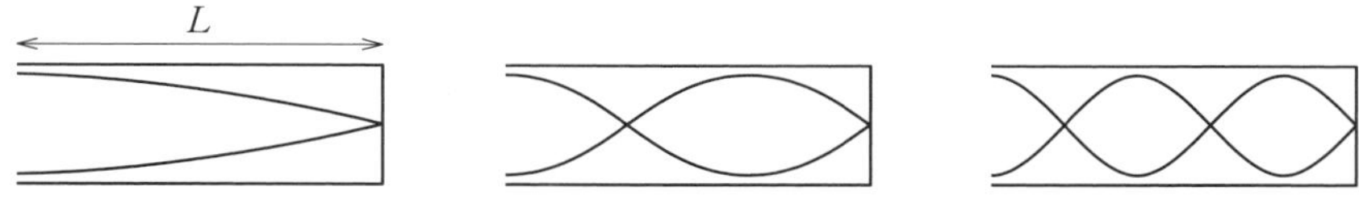

波長は左から$4L$，$\frac{4}{3}L$，$\frac{4}{5}L$なので，音速Vを各波長で割って，固有振動数は**（答）$\boldsymbol{\frac{V}{4L}}$，$\boldsymbol{\frac{3V}{4L}}$，$\boldsymbol{\frac{5V}{4L}}$**と求められます。

さて，固有振動数は管楽器を奏でたときに聞こえる音の振動数を表します。開管楽器，閉管楽器それぞれを奏でると，上で求めた**複数の振動数の音が合わさって聞こえる**ことになるのです。開管楽器の場合，最も低い振動数（基本振動数）は$\frac{V}{2L}$です。そして，その2倍，3倍，……の振動数の音も同時に聞こえることになります。これらが合わさることで，音色が生まれます。

閉管楽器の場合は，最も低い振動数（基本振動数）は$\frac{V}{4L}$です。これは**開管楽器の場合の半分**です。閉管楽器のほうがそれだけ低い音まで出せることを示しているのですが，「振動数が半分になる」ことを「1オクターブ低くなる」と表現します。閉管楽器のほうが，１オクターブ低い音まで出せるのですね。そして，閉管楽器では基本振動数の偶数倍（2 倍，4 倍，……）の振動数の音を出すことはできず，奇数倍（3 倍，5 倍，……）の音しか出せません。ですので，これらが合わさって生まれる音色も，開管楽器の場合とは異なることが理解できるのです。

以上のことが理解できると，続く設問Ⅱ，Ⅲもスムーズに考えることができます。

> Ⅱ　長さ 1 m の透明で細長い管の左端に幕をはり，この膜を外部からの電流によって微小に振動させ，管の中に任意の振動数の音波を発生できるようにした。管は水平に置かれ，内部には細かなコルクの粉が少量まかれていて，空気の振動の様子が見えるようになっている。管の右端をふたで閉じて，音波の振動数をゆっくり変化させた。振動数を 400 Hz から 700 Hz まで変化させたとき，519 Hz と 692 Hz で共鳴が起こり，空気の振動の腹と節がコルクの粉の分布ではっきりと見えた。なお，他の振動数では共鳴は起こっていない。
>
> (1)　692 Hz での共鳴のときの空気の振動の節の位置を管の右端からの距離で答えよ。
>
> (2)　この条件を用いて，音速 V を求めよ。

ここでは，両端が閉じられた管を考えます。この場合は，次のような定常波が生じます（波長が長いほうから３番目まで示しています）。

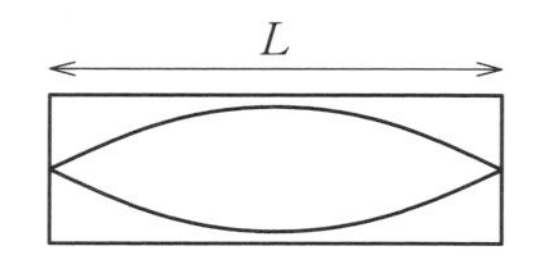

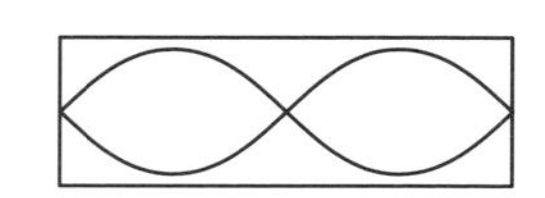
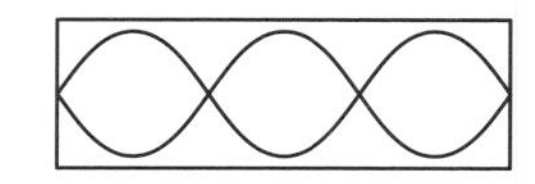

波長は左から $2L$，L，$\frac{2}{3}L$ なので，音速 V を各波長で割って，固有振動数は $\frac{V}{2L}$，$\frac{V}{L}$，$\frac{3V}{2L}$，……となることがわかります。

さて，固有振動数は基本振動数から $\frac{V}{2L}$ ずつ大きくなっていくのですが，その差は（固有振動数の差：692－519＝）173 Hz であるはずです。つまり，固有振動数の値は 173 Hz，346 Hz，519 Hz，692 Hz，…… と続くのです。よって，692 Hz のときに生じるのは 4 倍振動であることがわかり，空気の振動の節の位置は右端から **（答）0 m，0.25 m，0.5 m，0.75 m，1 m** であると求められます。

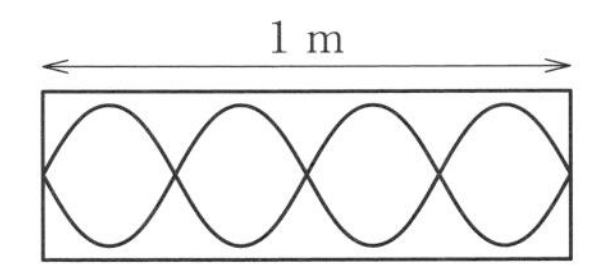

そして，4 倍振動の波長は 0.5 m であることから，音速 V の値が次のように求められます。

V＝692 Hz×0.5 m＝346 m/s　……（答）

管の中で定常波が生じるときの音の振動数を測定すれば，音速が求められてしまうのですね。

それでは，この管の一端を開いたらどうなるのでしょう？

Ⅲ　次に，設問Ⅱで行った実験では閉じられていた右端を開いて，振動数を 400 Hz から 700 Hz まで変化させた。今度は振動数が f_1 と f_2 で共鳴が起こり，管は大きな音で鳴った。ここで，$f_1 < f_2$ である。f_1 と f_2 を求めよ。

これは，設問Ⅰ(2)で考察したのと同じ状況です。よって，$\frac{V}{4L}$，$\frac{3V}{4L}$，$\frac{5V}{4L}$，……という固有振動数の音が生じることがわかります。ここへ，V＝346 m/s，L＝1 m を代入すると，固有振動数は 86.5 Hz，259.5 Hz，432.5 Hz，605.5 Hz，778.5 Hz，……であることがわかります。この中から 400 Hz～700 Hz の範囲に該当するものを探すと，**（答）f_1＝432.5 Hz，f_2＝605.5 Hz** と求められます。

ところで，実際の管楽器の形状は，この問題で考えたものほどシンプルではありません。しかし，音が発生するときに起こっている現象の本質は，この問題で十分に理解できます。端が閉じられているのかどうか，それだけの違いで生じる音に大きな違いが生まれるのは，何とも不思議な話ですよね。

第4章

実験で確かめる

4.1 浮沈子の原理

「浮沈子（ふちんし）」という玩具（がんぐ）をご存じでしょうか？　浮沈子を水で満たしたペットボトルの中に入れると，浮かび上がります。ところが，ペットボトルをぎゅっと握ると浮沈子は沈んでいきます。そして，握るのをやめると，再び浮沈子は浮かび上がるのです。100円ショップなどでも売られている玩具ですが，身近なものを使って自分で作ることもできます。例えば，弁当や寿司についている小型の醤油（しょうゆ）差し（ランチャームというそうです）でも作れます。また，小さな試験管のようなものがあれば，それを逆さにして，中に空気が入った状態で水中へ入れても，浮沈子になります。

それにしても，握ったり放したりするだけで浮いたり沈んだりするのは，とても不思議ですよね。簡単にできる遊びですが，真剣に考えると意外と難しいものです。この仕組みを真剣に考えてみよう，という趣旨の問題が，2015年（平成27年）の東大入試に出題されています。実際に解いてみると，とても面白いテーマを扱っていることがわかります。まずは，問題の導入文をみてみましょう。

Lead

図１のように下端の開口部から水が自由に出入りできる筒状容器の上部に質量の無視できる単原子分子の理想気体１モル，下部には水が満たされている。容器の質量は m，底面積は S であり，その厚さは無視できる。容器は傾かずに鉛直方向にのみ変位する。容器外の水面における気圧を P とする。水の密度 ρ は一様であるとし，気体定数を R，重力加速度

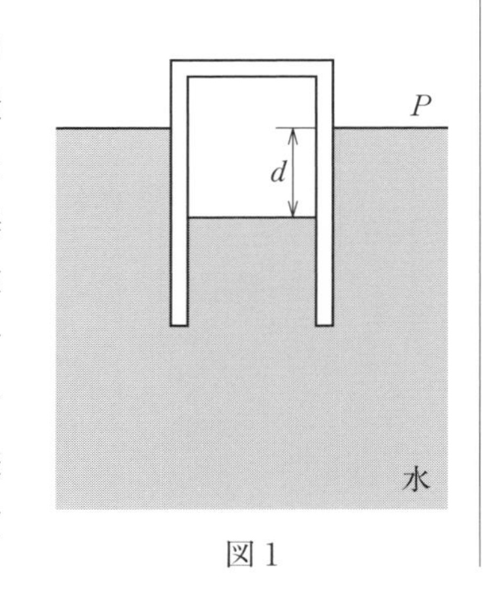

図１

の大きさを g とする。ただし，物体の受ける浮力の大きさは，排除した水の体積 V を用いて ρVg と表され，深さ h での水圧は $P+\rho gh$ で与えられる。

この問題では，逆さにした試験管のような筒状容器で考えています。もちろん，小形の醤油差しのようなものでも原理は同じですが，形が複雑なので計算が大変そうです。原理は同じなのだから，考えやすい形で考えようというわけですね。

浮き沈みについて考える前に，まずは容器内の気体の状態について考えようというのが設問ⅠとⅡです。どうやら，握ったり放したりして浮き沈みする理由を知るには，気体の状態変化を理解する必要があるようです。

Ⅰ　図1のように容器の上部が水面から浮き出ている場合を考える。

(1)　容器が静止しているとき，容器内の水位と外部の水位の差 d を求めよ。

(2)　設問Ⅰ(1)の状態から容器をひき上げて水位が容器の内と外で同じになるようにした。このとき気体の体積はもとの体積の r 倍であった。r を ρ，d，g，P を用いて表せ。ただし，気体の温度変化はないものとする。

ここで，圧力の考え方を確認しておきましょう。この問題では気体も水も登場するのですが，それらについて「**同じ高さ（深さ）では圧力（水圧）が等しい**」という関係が成り立ちます。この問題の状況に当てはめると，次のような関係になります。

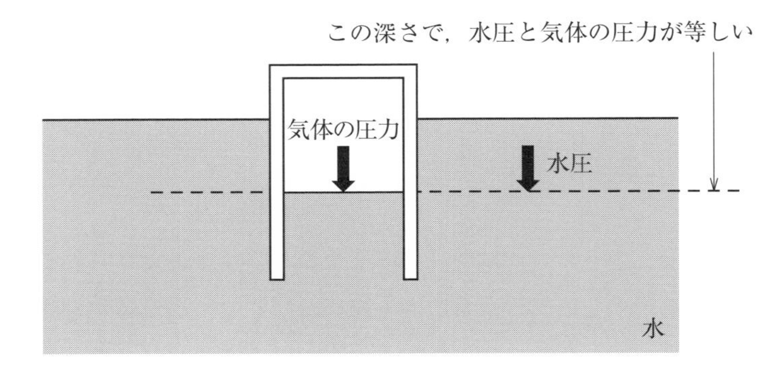

もしもこの関係が成り立っていなければ，容器中にさらに水が入って気体が圧縮されるか，逆に容器中から水が出て気体が膨張するか，どちらかの変化が起こるはずです。

さて，まずは水圧を考えます。ちょうど水面のところでは，水圧は大気圧 P と等しくなっています。そこから深さが d 増すことで水圧は ρgd だけ増えます。よって，深さ d では，水圧は $P+\rho gd$ となっています。そして，閉じ込められた気体の圧力は，これと同じ値になっているわけです。このことをもとに容器にはたらく力のつり合いを考えると，次の関係が成り立ち，深さ d が求められます。

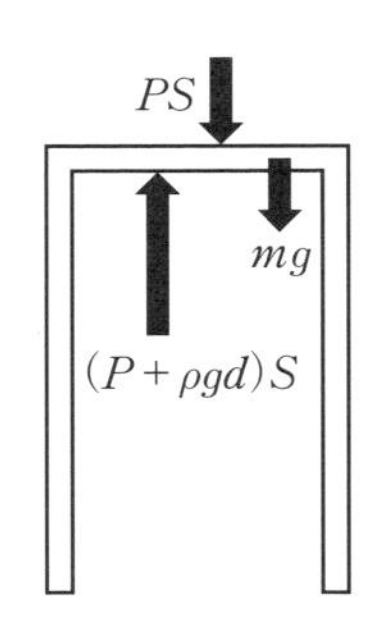

$$PS+mg=(P+\rho dg)S \qquad \therefore\ d=\frac{m}{\rho S} \quad \cdots\cdots \textbf{（答）}$$

続く設問Ⅰ(2)では，容器を引き上げて容器の内外で水面の高さを等しくします。この場合は，どのような圧力の関係が成り立つでしょう？

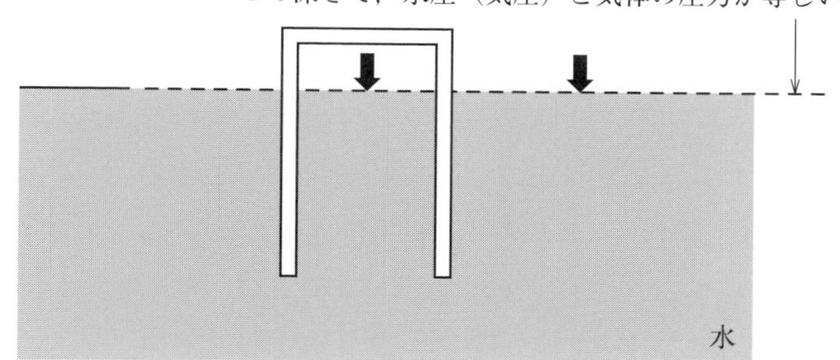

やはり，「同じ高さ（深さ）では圧力（水圧）が等しい」という考え方をもとにします。すると，この場合は容器内の気体の圧力は大気圧 P と等しいことがわかります。つまり，気体の圧力は $P+\rho gd$ から P へ変化するので，$\dfrac{P}{P+\rho gd}$ 倍になるわけです。このとき，問題文にあるように，気体の温度は変化していません。よって，気体の体積は圧力に**反比例**しながら変化することになるので（**ボイルの法則**），r は次のように表せることがわかります。

$$r=\frac{P+\rho gd}{P} \quad \cdots\cdots \textbf{（答）}$$

なお，普通は P に対して ρgd はわずかな値となります。試しに，$P=\rho gd$ となるときの d の長さを求めてみましょう。

$$d=\frac{P}{\rho g}=\frac{1.0\times10^5\ \mathrm{Pa}}{1.0\times10^3\ \mathrm{kg/m^3}\times9.8\ \mathrm{m/s^2}}\fallingdotseq10\ \mathrm{m}$$

Note

大気圧 P は約 1.0×10^5 Pa，水の密度 ρ は約 1.0×10^3 kg/m^3 であることが知られています。

つまり，気体の体積が 2 倍（$r=2$）になるためには，水位の差 d が 10 m も必要になります。ですから，見た目でハッキリと気体の体積変化を確認するのは難しいかもしれませんね。

続く設問Ⅱでは，容器内の気体を加熱することで，容器を上昇させることを考えます。加える力を変化させて浮き沈みさせるのが浮沈子ですが（それについては設問Ⅲで考えます），実は加熱したり冷却したりすることでも浮き沈みは起こるのです。

Ⅱ　図1（p.110）の状態において気体の温度は T であった。これを加熱したところ，容器は水面に浮いたままゆっくりと上昇し，気体の体積は $\frac{6}{5}$ 倍になった。

(1)　この過程において気体がした仕事 W を R，T を用いて表せ。

(2)　この過程において気体が吸収した熱量 Q を R，T を用いて表せ。

さて，問題文では容器が「ゆっくりと上昇」したと書かれています。このことは，**容器にはたらく力のつり合いが保たれたまま**，容器が上昇したことを示しています。容器では，次のような力のつり合いが成り立っていたのでしたね。

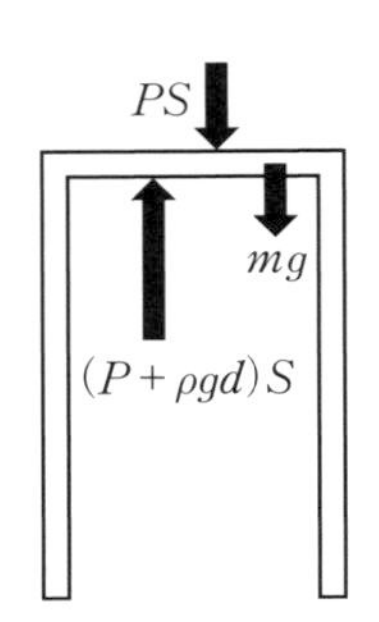

ここで，容器が大気から押される力の大きさ PS も，容器にはたらく重力の大きさ mg も変わりませんから，容器内の気体の圧力 $P+\rho gd$ も一定に保たれることがわかります。よって，加熱前の気体の圧力を p（$=P+\rho dg$），体積を V とすると，気体がした仕事 W は次のように表せます（ΔV は体積の変化量を示し，$\left(\frac{6}{5}-1\right)V=\frac{1}{5}V$ と求められます）。

$$W = p\Delta V = p \cdot \frac{1}{5}V$$

そして，気体1モル（mol）の**状態方程式 $\boldsymbol{pV = RT}$** を使うと，次のように W が求められます。

$$W = \frac{1}{5}RT \quad \cdots\cdots \text{（答）}$$

さらに温度が ΔT だけ上昇した場合，気体の内部エネルギーは次の ΔU だけ増加します。

$$\Delta U = \frac{3}{2} \times R\Delta T$$

Note

絶対温度 T の単原子分子の理想気体 n モルの内部エネルギー U は，次のように表されます。

$$U = \frac{3}{2}nRT$$

そして，これも気体1モルの状態方程式をもとに変形すると，次のようになります（気体の状態方程式から，$p\Delta V = R\Delta T$ という関係が成り立つことを利用しています）。

$$\Delta U = \frac{3}{2}p\Delta V = \frac{3}{2}p \cdot \frac{1}{5}V = \frac{3}{10}pV = \frac{3}{10}RT$$

求めた W と ΔU の値を**熱力学第一法則 $\boldsymbol{Q = \Delta U + W}$**（$Q$：気体が吸収した熱量，$\Delta U$：気体の内部エネルギーの変化，$W$：気体が外部へした仕事）へ代入すれば，気体が吸収した熱量 Q は次のように求められます。

$$Q = \frac{3}{10}RT + \frac{1}{5}RT = \frac{1}{2}RT \quad \cdots\cdots \text{（答）}$$

それでは，続いて設問Ⅲです。いよいよ，握ったり放したりして浮き沈みする浮沈子が登場します。

Ⅲ　図２のように容器全体が水中にある場合を考える。

(1)　容器にはたらく合力が０（ゼロ）となるつり合いの位置の深さ h を求めよ。ただし，気体の温度を T とし，$\dfrac{\rho RT}{mP}$ は１より大きいとする。

(2)　設問Ⅲ(1)のつり合いの位置に容器を固定したまま水面を加圧して P の値を大きくし，その後容器の固定をはずした。加圧前と比べてつり合いの位置はどうなるか。また固定をはずしたあとの容器の動きはどうなるか。最も適当なものを，次のア～オのうちから一つ選べ。

ア．つり合いの位置は深くなる。容器は上昇する。

イ．つり合いの位置は深くなる。容器は下降する。

ウ．つり合いの位置は浅くなる。容器は上昇する。

エ．つり合いの位置は浅くなる。容器は下降する。

オ．つり合いの位置は変わらない。容器は動かない。

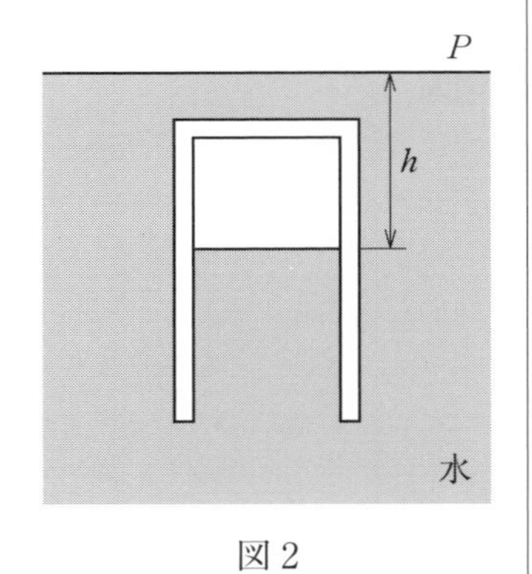

図２

ここでは，容器全体が水中に沈んでつり合っています。どのように力のつり合いを考えればよいのでしょう？　この場合も，今までと同じように「同じ高さ（深さ）では圧力（水圧）が等しい」ことを考えると，容器内の気体の圧力を求めることができます。

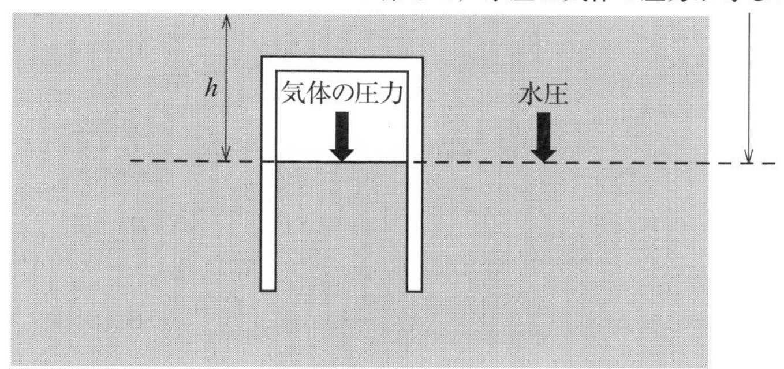

水面からの深さが h のところでは，水圧は $P+\rho gh$ です。よって，容器内の気体の圧力も同じく $P+\rho gh$ となっています。そして，この値を気体１モルの状態方程式に代入して整理すると，気体の体積 V' が求められます。

$$(P+\rho gh)V'=RT \qquad \therefore\ V'=\frac{RT}{P+\rho gh}$$

さて，容器内の気体の体積がわかると，ここにはたらく浮力の大きさを求めることができます。容器内の気体には，大きさ $\rho V'g=\rho\cdot\dfrac{RT}{P+\rho gh}g$ の浮力がはたらくのです。このことを使うと，水中で静止している「容器＋気体」にはたらく力のつり合いを考えることができます。すなわち，「容器＋気体」には，次のように重力と浮力がはたらき，つり合っています。

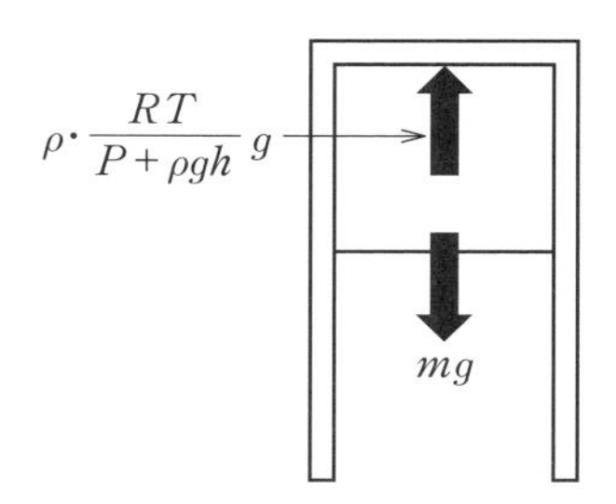

よって，力のつり合いの式は次のように書けます。

$$\rho\cdot\frac{RT}{P+\rho gh}g=mg$$

これを解くと，つり合いの位置の深さ h を次のように求めることができるのです。

$$h=\left(1-\frac{mP}{\rho RT}\right)\frac{RT}{mg}\quad\cdots\cdots\ \textbf{(答)}$$

続いて，この結果をもとに設問Ⅲ(2)を考えます。単純に考えると，P の値が大きくなると h の値が小さくなることから，容器は上向き（h が減少する向き）に動き出しそうです。しかし，本当にそうでしょうか？

「容器＋気体」にはたらく浮力の大きさは，$\rho\cdot\dfrac{RT}{P+\rho gh}g$ と表されるのでした。この式から，P の値が大きくなると浮力は小さくなることがわかります。つまり，P が増加した瞬間，「容器＋気体」にはたらく重力の大きさは変わらないまま浮力が小さくなるのです。そうすれば，「容器＋気体」は下降することになります。

さて，この２つの事柄は矛盾するように思えますが，以下のように整理して理解できます。

まず，気圧 P の値が大きくなることで浮力が小さくなり，「容器＋気体」は下降を始めます。このことは間違いありません。問題は，P の値が大きくなることで h の値が小さくなることです。これは，実際に「容器＋気体」が h の小さくなる向き（上向き）に動き出すことを示しているのではなく，**つり合いの位置が上向きにずれることを示している**のです。「容器＋気体」のつり合いの位置は上側にずれるけれども，「容器＋気体」は下向きに動き出す……，これが，加圧したとき（P の値を大きくしたとき）に起こる現象なのです（**(答) エ**）。その結果，「容器＋気体」はつり合いの位置からどんどん離れていくことになり，やがて水中の最下面へ達します。このことは，実際にペットボトルへ浮沈子を入れて握ったときに起こることと一致します。

実際に浮沈子で遊んだことのある方がこの問題を解いたら，難しい理屈を考えずとも結果を求められるかもしれません。

なお，このような現象は「容器＋気体」のつり合いが“不安定な”つり合いであるときに起こります。「容器＋気体」のつり合いが安定なら，つり合いの位置からずれてもつり合いの位置へ戻ろうとします。不安定なつり合いだと，つり合いの位置からずれるとどんどん離れていき，戻ってくることがないのです。「浮沈子を水に入れて握ると，沈み続ける」という現象の裏には，**“不安定なつり合い”** が潜んでいるのですね。単純な遊びも，物理学の原理に支えられていることがわかります。

4.2 手のひらにのせたものが離れる条件

東大の入試問題では，とても単純なことだけれど，理由を聞かれると説明するのがなかなか難しい，というテーマが取り上げられることがあります。1980 年（昭和 55 年）に出題された問題は，そういったものの典型と言えます。どのような現象を取り上げているのか，まずは導入文の最初の部分をみてみましょう。

Lead

物体を手のひらにのせ，手をゆっくり上げても手のひらから離れないが，手を急激に上げ静止させると物体は手のひらから離れて飛び上がる。このような現象を模式的に考察してみよう。

たしかに，瞬間的に手を静止させないと，手のひらにのせたものを飛び上がらせることはできそうにありません。加えて，手をゆっくり上げたのではダメなことも直感的にわかります。それでは，どのように手の速度を変化させれば，物体は手を離れるのでしょう？　そのことを考える設問がのちに登場します。答えが求められたら，実際に試してみると面白いかもしれませんね。その前に，導入文の続きを確認しておきましょう。

Lead

図 1 に破線で示すように，水平面上に平らな台 A があり，この台の上に質量 m の物体 B をのせる。台を水平に保ったまま，図 2 に示す速度 v_A で台を鉛直上方に持ち上げる。台が動き始めてからの時間を t とする。台および物体の鉛直方向の移動距離をそれぞれ y_A，y_B とし，重力加速度を g とする。物体には空気の抵抗力ははたらかないものとする。

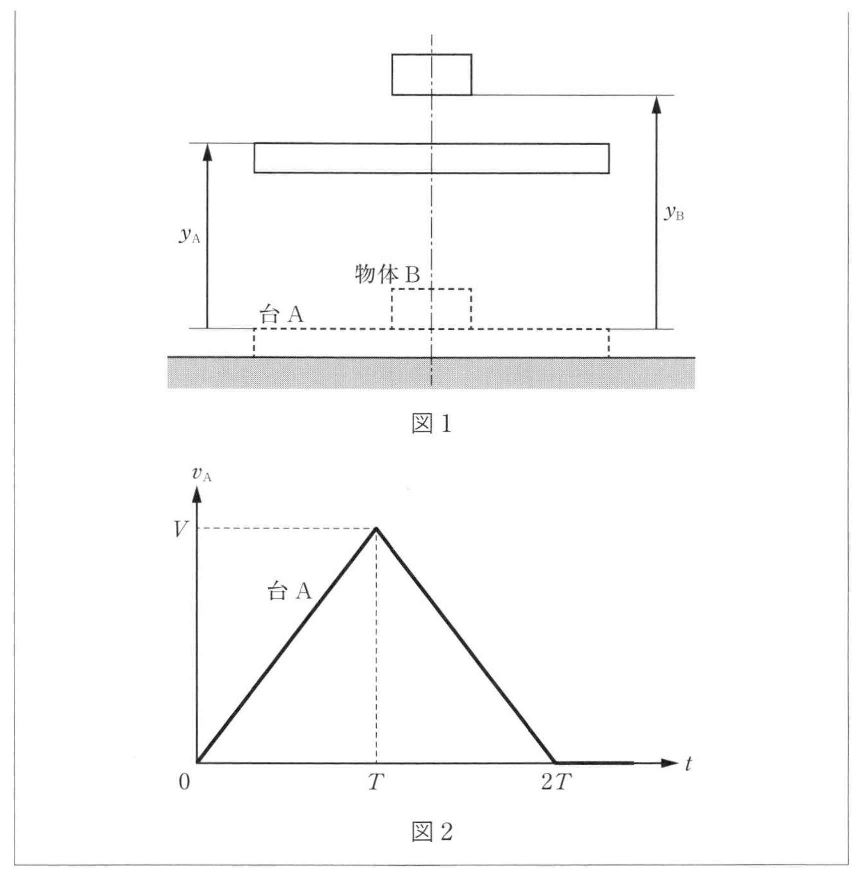

図 1

図 2

つまり，「台」が「手」に相当するという状況なわけですね。

また，ここでは，台の v–t グラフが示されています。v–t グラフを見れば，時間 t とともに物体の速度 v がどのように変化するかわかるのですが，ポイントとなるのは「**v–t グラフの傾きが物体の加速度 a を表す**」ことです。

さて，与えられた v–t グラフからは，次のことが読み取れます。

時間 $0\sim T$：加速度 $a_1=\dfrac{V}{T}$

$$\text{時間 } T \sim 2T\text{：加速度 } a_2 = \frac{0-V}{2T-T} = -\frac{V}{T}$$

このことを頭に置いて，まずは設問(1)を確認しましょう。

(1)　$0<t<T$ において，物体の受ける垂直抗力 N を求めよ。また，物体が台から離れないと仮定し，$T<t<2T$ において物体の受ける垂直抗力 N' を求めよ。

設問(1)では，物体が台から離れないことが前提となっていますから，物体は台と同じ速度で運動することになります。つまり，物体の加速度は先ほど確認した台の加速度と等しくなります。

物体の運動方程式は，質量を m，上向きの加速度を a，台から受ける垂直抗力を N とすると，次のように書けます。

$$ma = N - mg$$

ここへ加速度 a_1，a_2 を代入して整理すると，次のようになります。

$$\text{時間 } 0 \sim T\text{：垂直抗力 } N = m\left(g + \frac{V}{T}\right) \quad \cdots\cdots \textbf{（答）}$$

$$\text{時間 } T \sim 2T\text{：垂直抗力 } N' = m\left(g - \frac{V}{T}\right) \quad \cdots\cdots \textbf{（答）}$$

このように，台の加速度が変化することで，物体が受ける垂直抗力の大きさが変わることがわかりました。

ここで，最初の設問で物体が受ける垂直抗力を求めさせるのには，理由があります。この問題では「物体が台の上面から離れる」条件を考えたいわけですが，これは「物体が接する台の上面から受ける垂直抗力が０（ゼロ）になる」ことだと言い換えられるのです。接する面に対して密着しているほど，面から大きな垂直抗力を受けることは想像できると思います。接する面との密着度が小さくなるにつれて垂直抗力も小さくなり，やがて０になって離れるわけです。このことがわかれば，設問(2)はすんなりと解くことができます。

> (2)　物体が台から離れるための条件は何か。また，物体が離れるのはいつか。

物体が台の上面から受ける垂直抗力が0となる条件を求めればよいわけですが，時間 $0 \sim T$ では V や T の値をどのように変えても必ず $N>0$ です。時間 $0 \sim T$ は台が上向きに加速している区間ですから，そのようなとき物体が台から離れることはあり得ないことを示しているのです。

物体が台から離れる可能性があるのは，時間 $T \sim 2T$ です。この間に台の上面から受ける垂直抗力が0以下であれば物体は台から離れるので，求める条件は次のようになります。

$$N' = m\left(g - \frac{V}{T}\right) < 0$$

Note

求める条件は $N' \leqq 0$ と書けますが，$N'=0$ のときにはギリギリ接触を保ち完全に離れたとは言えないため，ここでは除いています。

これを整理すると，

$$\frac{V}{T} > g \quad \cdots\cdots \textbf{(答)}$$

であればよいことがわかります。$\frac{V}{T}$ は時間 $T \sim 2T$ での台の下向きの加速度の大きさですから，重力加速度 g を超える大きさで下向きに加速すれば物体は台から離れるというわけです。もちろん，**(答) この条件が満たされるようになる時間は T ですから，これが，物体が台から離れる時間**となります。

この問題では，手のひらにのせた物体が離れる現象を考えていますが，物体をのせているものは何でもよいわけです。台は，例えばエレベーターだと考えることもできます。エレベーターに乗っている人がエレベーターの床から離れることなど普通はあり得ませんが，エレベーターが重力加速度 g を超える大きさの加速度で下向きに加速したら，そういうことが実際に起こるのです。エレベーターのワイヤーロープが切れてしまったら（もちろん，そんなことのないように作られていますが…），エレベーターは重力加速度 g の加速度で落下します。この状況は，乗っている人が重力を感じなくなる「**無重力状態**」です。宇宙飛行士は，重力加速度 g で落下する航空機に乗って無重力状態に慣れる訓練をするそうです。これが，重力が存在する地球上で無重力空間を作る方法なのです。

ところで，台から離れた物体は，その後どのような運動をするのでしょうか？　設問(3)と(4)で，そのことを考察します。

(3)　物体が台から離れた後，最高点に達したときの y_B を求めよ。
（ただし，設問(2)の条件が満たされているとする。）

設問(3)は，物体の $y-t$ グラフ（時間 t とともに高さ y がどのように変化するかを表すグラフ）を描いて考えてみましょう。ポイントは，「**y_B-t グラフの傾きが速度 v_B を示す**」ことです。

時間 $0\sim T$：速度 v_B が大きくなる。
時間 $T\sim 2T$：速度 v_B が小さくなる。

これより，

時間 $0\sim T$：y_B-t グラフの傾きが大きくなっていく。
時間 $T\sim 2T$：y_B-t グラフの傾きが小さくなっていく。

となるように，$y-t$ グラフが描けることがわかります。

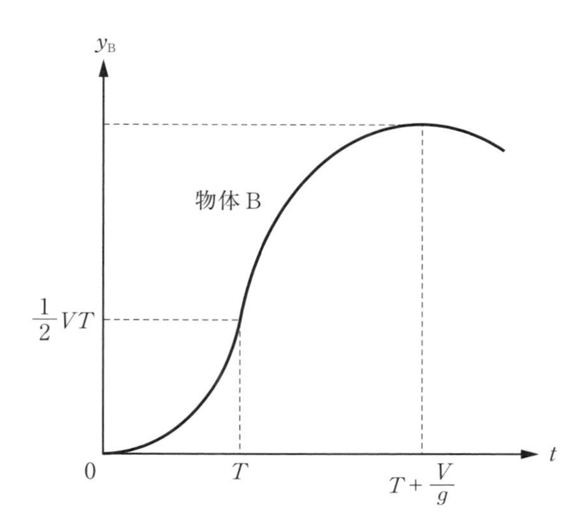

Note

時間 $0〜T$：物体の加速度の大きさ$=\frac{V}{T}$　$(>g)$

時間 T 以降（台から離れたあと）：物体の加速度の大きさ $=g$

なので，時間 $0〜T$ よりも時間 T 以降のほうが傾きの変化が緩やかになります。そのため，「0（傾き 0）〜T（傾き最大）」の時間より，「T（傾き最大）〜最高点の時間（傾き 0）」の時間のほうが長くなります。

なお，物体の運動の様子は，次のように描かれる v–t グラフで表すこともできます。

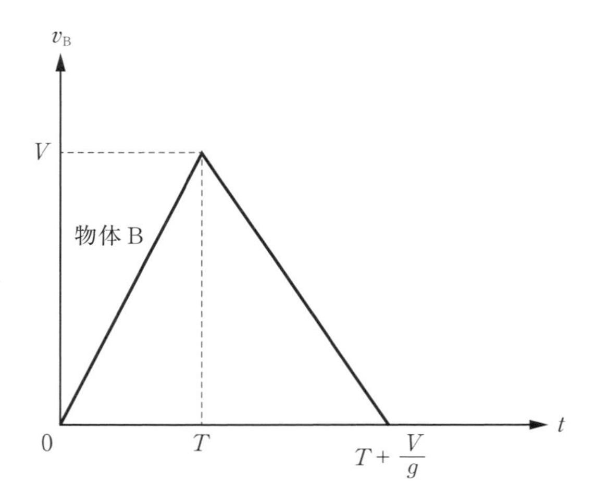

v－t グラフと横軸（t 軸）とで囲まれた面積は物体の移動距離を表すことから，物体の最高点の高さ y_B は次のように求められます。

$$y_B=\frac{V}{2}\left(T+\frac{V}{g}\right)\ \cdots\cdots\ \textbf{(答)}$$

そして，最後の設問(4)では，物体に加えて台の運動を考えます。

(4)　$t=0$ から物体が台上に落ちるまでの時間について，y_A，y_B を縦軸に，t を横軸にとって，グラフの概略を同一図上に表せ。y_A を実線，y_B を破線で示すこと。
（ただし，設問(2)の条件が満たされているとする。）

時間 0～T までは，台と物体は一緒に運動します。時間 T で離れて別々に運動するわけですが，台の加速度の大きさは $\frac{V}{T}$ であり，これは物体の加速度の大きさ g より大きいのでした（設問(2)参照）。そのため，台と物体の v－t グラフには，次のような違いが生まれます。

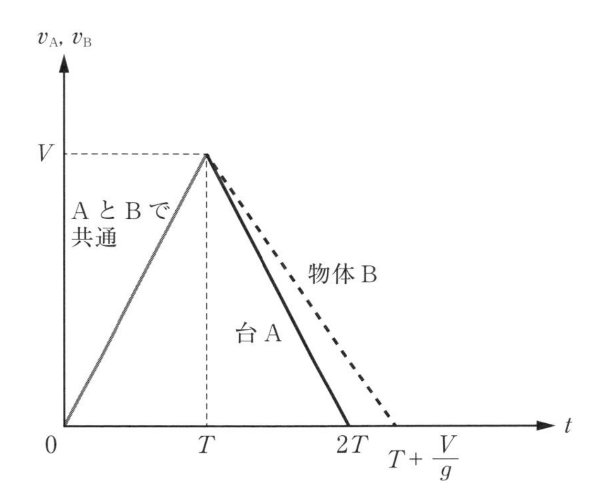

Note

v–t グラフの傾きは加速度を表すので，時間 T 以降では台のほうが v–t グラフの傾きが急になります。

そして，速度 v が y–t グラフの傾きに相当することから，y–t グラフは，次のように描けます。

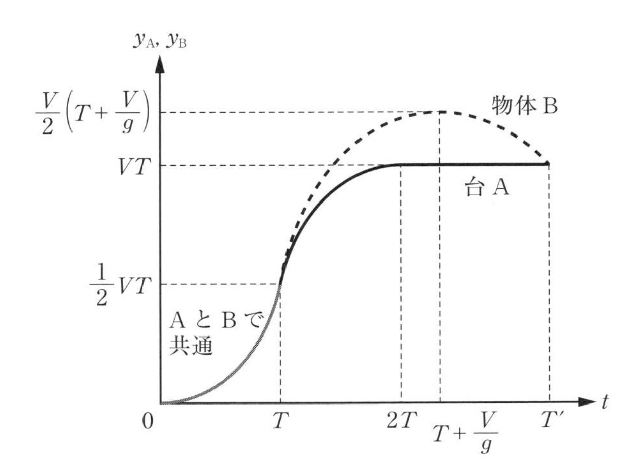

最後に，y–t グラフ中の時間 T'（物体が台上に落ちるまでの時間）を，v–t グラフ中に同じ時間 $T'=T+\dfrac{V}{g}+t'$ を書いて考えてみましょう。

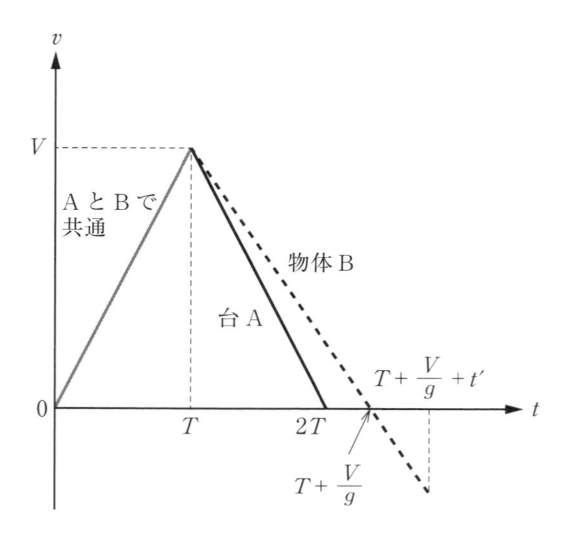

時刻 T' までの物体の上昇・下降距離は，$v-t$ グラフと横軸（t 軸）とで囲まれた面積から求められ，その値が VT となることから，

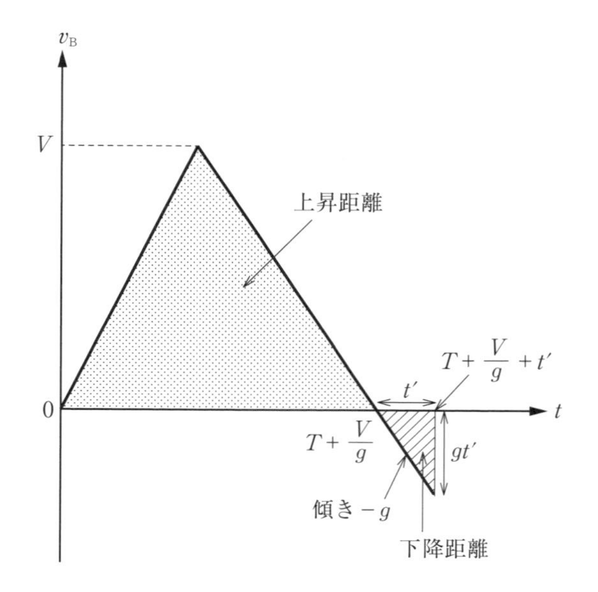

$$\frac{1}{2}\cdot V\left(T+\frac{V}{g}\right)-\frac{1}{2}gt'\cdot t'=VT$$

これより，$t'=\sqrt{\frac{V}{g}\left(\frac{V}{g}-T\right)}$ (>0) と求められるので，T' は次のように表せます。

$$T'=T+\frac{V}{g}+\sqrt{\frac{V}{g}\left(\frac{V}{g}-T\right)}$$

物体の運動は，おもに v–t グラフと y–t グラフによって表されます。これらの関係を考えることで，手のひらから離れたあとの物体の運動の様子も知ることができるのですね。

4.3 重心の簡単な見つけ方

重力は物体のあらゆる部分にはたらいています。しかし，そのような考え方のままだと，物体にはたらく力のつり合いなどを考えるとき，とても扱いにくくなります。そこで，通常は次のように，物体の各部分にはたらく重力をひとまとめに合成して考えます。このとき，重力をどこへ合成してもよいというわけではありません。物体には「**重心**」と呼ばれる**重力の作用点**があり，そこに物体の質量がすべて集まっているとみなして，そこへ重力を合成する必要があるのです。

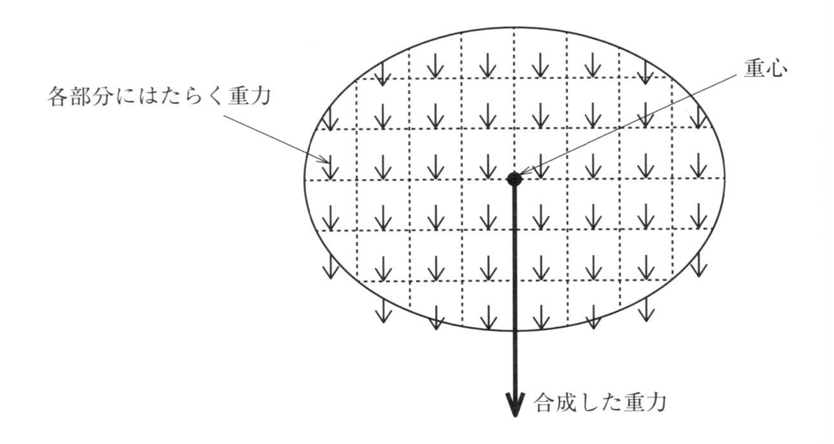

このように説明すると，何だか難しそうに思われるかもしれません。もう少し簡単に説明すれば，「**物体を一点で支えられる**」のが重心です。例えば，水平にしたバットを手の一点に乗せてバランスを取るのは難しいですが，重心の真下で支えれば可能です。

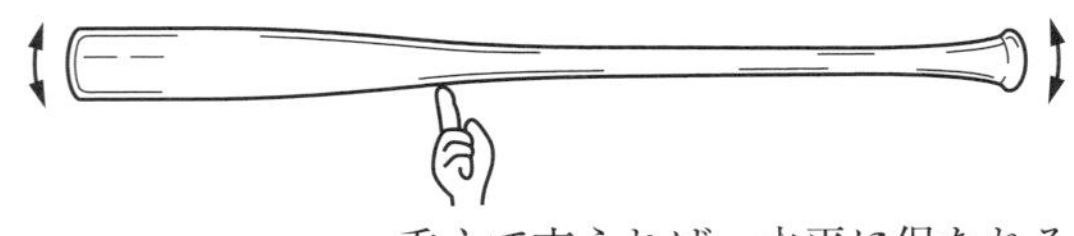

重心で支えれば，水平に保たれる

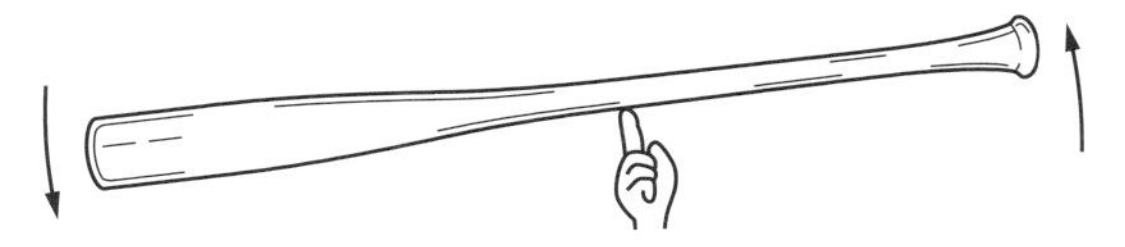

重心で支えないと，バランスを崩す

ただ，バットのように太さが均一でないものの重心を探すのは，なかなか難しそうです。例えば，「ひもに吊るして水平になる位置を探す」という方法もありますが，手元にひもがなくても，もっと簡単に重心を探す方法が実はあるのです。2002年（平成14年）の東大入試問題では，その方法が紹介されています。まずは，導入文を確認しましょう。

Lead

長さ L の不透明な細いパイプの中に，質量 m の小球1と質量 $2m$ の小球2が埋め込まれている。パイプは直線状で曲がらず，その口径，および小球以外の部分の質量は無視できるほど小さい。また，小球は質点とみなしてよいとし，重力加速度を g とする。これらの小球の位置を調べるために実験を行った。

この問題では，パイプに質量の異なる2つの小球を埋め込むことで，均一でない状態をつくっています。この状況は，バットと同じようなものだと理解できます。

それでは，設問を解きながら重心の探し方を考えてみましょう。

図に示したように，パイプの両端A，Bを支点a，bで水平に支え，両方の支点を近づけるような力をゆっくりとかけていったところ，まずbがCの位置まですべって止まり，その直後に今度はaがすべり出してDの位置で止まった。パイプと支点の間の静止摩擦係数，および動摩擦係数をそれぞれ μ，μ'（ただし，$\mu > \mu'$）とする。

(1)　bがCで止まる直前に支点a，bにかかっているパイプに垂直な方

向の力をそれぞれ N_a，N_b とする。このときのパイプに沿った方向の力のつり合いを表す式を書け。

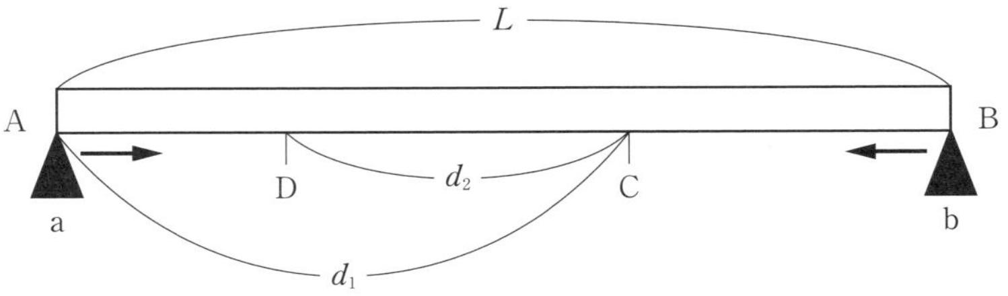

支点 a と b を動かそうとすると，先に b が動き出すようです。設問(1)では，b が動いている状態について考えます。b は動いているわけですから，b からは棒に**動摩擦力**がはたらきます。その大きさは，$\mu' N_b$ となります。

逆に，支点 a は静止しているので a からは**静止摩擦力**がはたらきます。この値は徐々に大きくなり，やがて**最大摩擦力**に達します。これが，a がすべり出す直前であり，b が止まる瞬間でもあります。a から棒にはたらく最大摩擦力の大きさは μN_a ですので，水平方向の力のつり合いの式は次のように書けます。

$\mu' N_b = \mu N_a$　……（答）

さて，このように動く支点が交代するような位置は，パイプの重心の位置によって決まります。そのことが設問(2)で問われています。

(2)　AC の長さを測定したところ d_1 であった。パイプの重心が左端 A から測って l の位置にあるとするとき，重心の周りの力のモーメントのつり合いを考えることにより，d_1 を，l，μ，μ' を用いて表せ。

動く支点が交代する瞬間，パイプは次のように２つの垂直抗力 N_a，N_b によって支えられています。

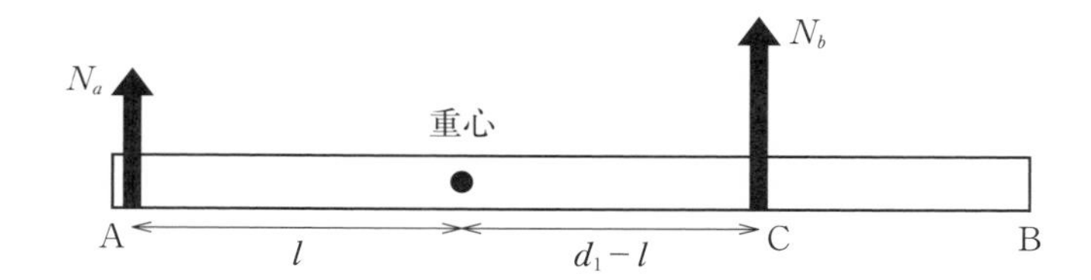

　このとき，重心の周りの力のモーメントのつり合いの式は，次のように書けます。

$$N_a l = N_b(d_1 - l) \quad \cdots\cdots \text{（答）}$$

　ところで，設問(1)，(2)の答えから次の関係が成り立ちます。

$$\frac{N_a}{N_b} = \frac{d_1 - l}{l} = \frac{\mu'}{\mu} \qquad \left(\therefore\ d_1 = \frac{\mu + \mu'}{\mu} l \qquad \cdots\cdots \text{(a)} \right)$$

　そして，このことからわかることがあります。すなわち，支点 a，b を近づけると動く支点が交代することを繰り返しますが，その位置は次のような関係であることがわかるのです。

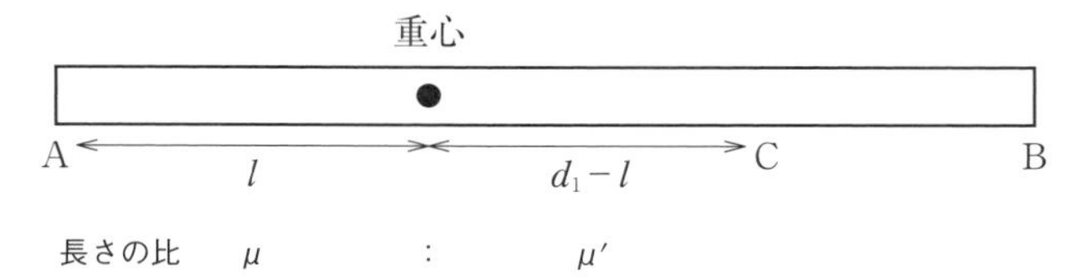

　このような規則性に気づけると，設問(3)はスムーズに解けます。

(3)　CD の長さを測定したところ d_2 であった。摩擦係数の比 $\frac{\mu'}{\mu}$ を d_1，d_2 で表せ。

　上で判明した規則性から，支点 a が D の位置で静止する瞬間には，次のようになることがわかります。

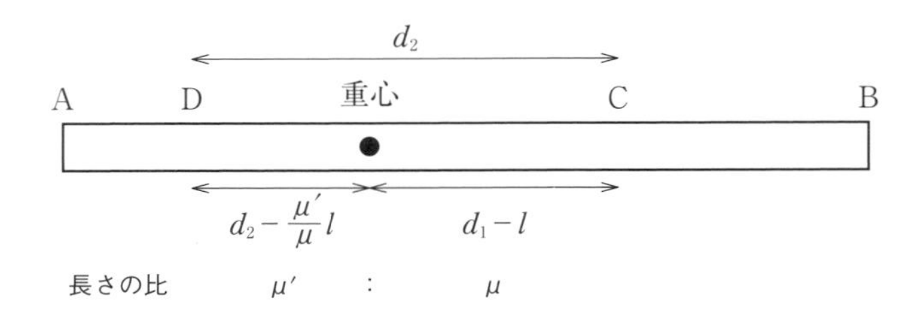

Note

Dの位置から重心までの距離は，上の図と(a)式（p.133）とから，次のように計算できます。

$$d_2-(d_1-l)=d_2-\frac{\mu+\mu'}{\mu}l+l=d_2-\frac{\mu'}{\mu}l$$

これを式で表すと次のようになり，摩擦係数の比 $\frac{\mu'}{\mu}$ が求められます。

$$(d_1-l):\left(d_2-\frac{\mu'}{\mu}l\right)=\mu:\mu' \qquad \therefore\ \frac{\mu'}{\mu}=\frac{d_2}{d_1} \quad \cdots\cdots\ \text{(答)}$$

そして実は，このような測定を行うだけで，パイプの重心の位置を求めることができてしまいます。

(4)　上記の測定から重心の位置 l を求めることができる。l を d_1，d_2 で表せ。

問題文に「上記の測定から」とありますので，ここまで求めた結果を整理してみましょう。設問(2)の(a)式（p.133）から，

$$l=\frac{\mu}{\mu+\mu'}d_1$$

さらに設問(3)の答えを利用すると，次のようになります。

$$l=\frac{\mu}{\mu+\mu'}d_1=\frac{1}{1+\frac{\mu'}{\mu}}d_1=\frac{1}{1+\frac{d_2}{d_1}}d_1=\frac{{d_1}^2}{d_1+d_2} \quad \cdots\cdots\ \text{(答)}$$

このように，この問題で示されている方法を利用して長さ d_1，d_2 を測定することで，物体の重心の位置が求められることを理解できます。特別な道具もいらない，非常に簡単な方法だとわかりますよね。

ただし，d_1 と d_2 の値を測るには定規が必要となります。それでは，定規もなかったらどうなのでしょう？　定規がなくても，重心は求められます。それについて考えるのが，次の設問(5)です。

(5)　さらに両方の支点を近づけるプロセスを続けると，どのような現象が起こり，最終的にどのような状態に行き着くか。理由も含めて簡潔に述べよ。

2つの支点 a，b を近づけるたびに，次のような位置で，動く支点が交代するのでした。

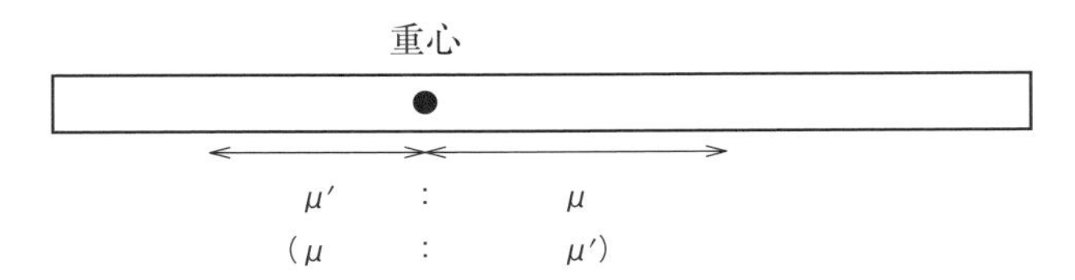

このとき，重心からの距離の比が動摩擦係数 μ' になるほうが止まるほうの支点の位置です。$\mu > \mu'$ ですから，動いていたほうの支点のほうがより重心に近づいた状態で交代が起こるのです。これを繰り返せば，**両方の支点が重心に近づいていきます。そして，両方の支点は最終的には重心の位置で静止することになります。**

このような方法で，両手の指だけを使って物体の重心を探し出すことができます。自宅にあるボールペンや箸（はし）など，棒状のもので簡単に再現できます。ぜひやってみてください。なお，そのときは，次のように行うのがコツです。

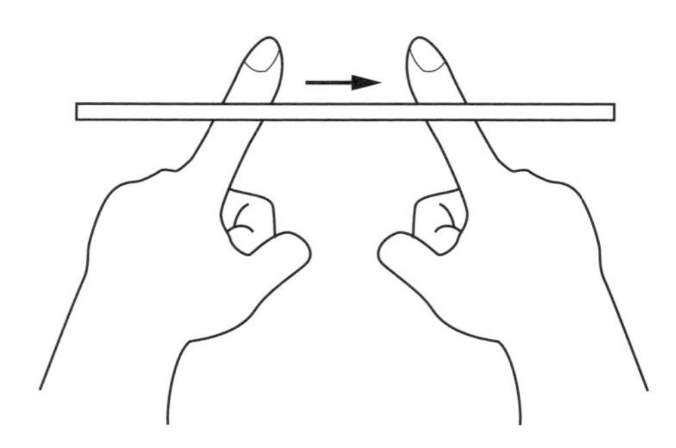

棒を水平にして両手の指にのせ，片方の指だけをゆっくり動かします。そうすることで２本の指が接近していき，やがて重心の真下でぶつかります。２本の指に等しい大きさの力を加えるのは難しいので，片方の指だけを動かすほうがよりうまくいきやすいというわけですね。

4.4 簡単に実験できる題材①

章の最後に，身近なものを使って実験して遊べる題材を２つ紹介します。実験自体はとても簡単に実施できるものです。ただし，東大の入試問題では，その現象をじっくりと深く考察しています。単純に見えて奥深い物理現象を扱っているところが，さすが東大というところでしょうか。最初に紹介するのは，2007 年（平成 19 年）に出題された問題です。

Lead

図 1 (a)のように，導体でできた中空の円筒を鉛直に立て，その中に円柱形の磁石を N 極が常に上になるようにしてそっと落としたら，やがてある一定の速さで落下した。これは，磁石が円筒中を通過するとき，電磁誘導によりその周りの導体に電流が流れるためである。磁石の落下速度がどのように決まるかを理解するために，導体の円筒を図 1 (b)のように，等間隔で積み上げられたたくさんの閉じた導体リングで置き換えて考えてみる。

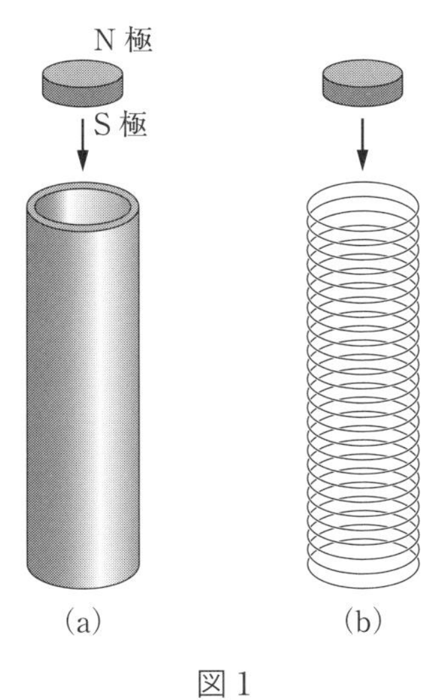

図 1

これは，ホームセンターなどでアルミパイプを買ってくればすぐに実験できます。アルミパイプの中で磁石を落下させると，アルミパイプがない場合に比べて落下速度が小さくなります。そして，十分な長さのパイプであれば，上の導入文にあるように，一定の速さで落下するようになります。アルミ製のパイプを選ぶ理由は，磁石がくっつかないからです。ほかに，銅製のパイプでも代用が可能です。これを例えば，塩ビパイプなど金属でないものの中でも落下させて比較すると，減速していることを確認しやすくなります。

それでは，どうして減速が起こるのか，またどのような速度に収束するのか，問題を解きながら確かめていきましょう。まずは，設問Ⅰです。

Ⅰ　まず，図2のように，1つのリングだけが水平に固定されて置かれており，そのリングの中心を磁石が一定の速さ v で下向きに通り抜ける場合を考える。z 座標を，リングの中心を原点として，鉛直上向きに正になるようにとる。磁石が z 軸に沿って，z 軸の負の向きに運動することに注意せよ。

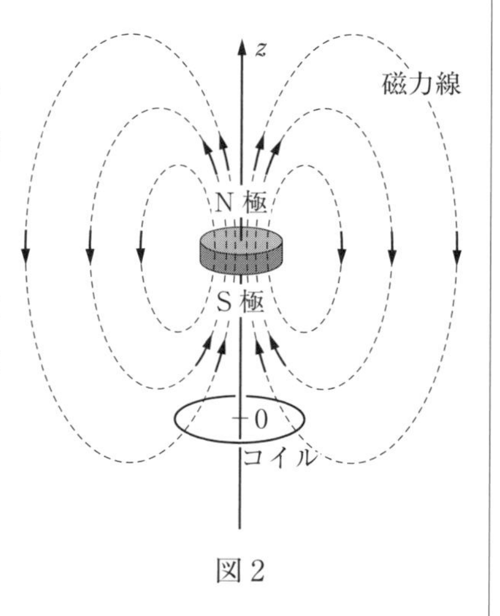

図2

(1)　磁石がリングに近づくときと遠ざかるとき，それぞれにおいて，リングに流れる電流の向きと，その誘導電流が磁石に及ぼす力の向きを答えよ。電流の向きは上向きに進む右ねじが回転する向きを正とし，正負によって表せ。

磁石がリングを通過する過程で，リングには**電磁誘導**が起こります。磁石がリングに近づくときは，次のような仕組みで誘導電流が流れます。

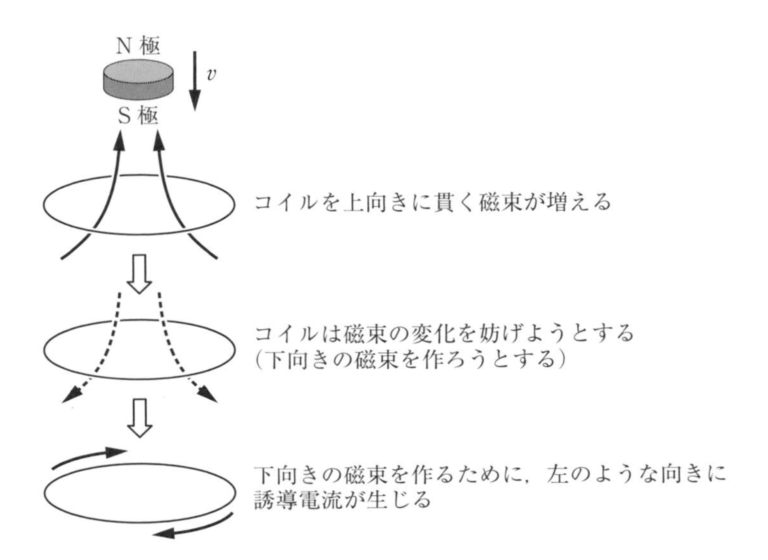

このとき，誘導電流が流れることでリングは磁石（電磁石）になった，と理解することができます。

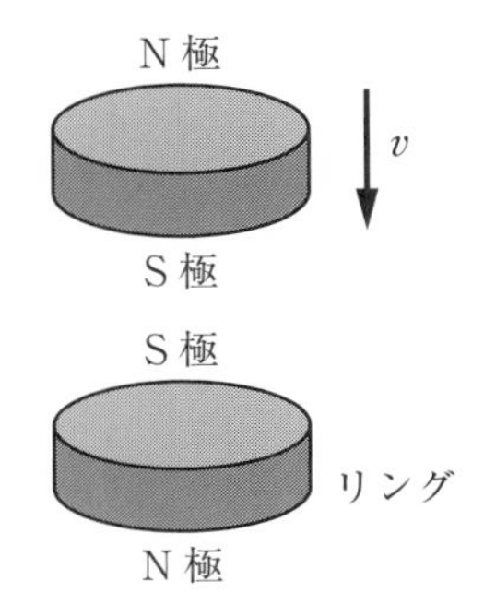

磁石には上向きに反発力（磁石を減速させる向きの力）がはたらくことがわかります。そして，磁石が遠ざかる場合は，これと正反対のことが起こります。

Note

磁石が遠ざかる場合は，「コイルを上向きに貫く磁束が減る」→「上向きの磁束を作ろうとする」→「上向きの磁束を作る向きに誘導電流が生じる」となります。

以上をまとめると，次のようになります。

磁石がリングに**近づくとき**：

電流の向きは**負**，力の向きは **+z 方向**　……（答）

磁石がリングから**遠ざかるとき**：

電流の向きは**正**，力の向きは **+z 方向**　……（答）

(2)　磁石の中心の座標が z にあるとき，$z=0$ に置かれたリングを貫く磁束 $\Phi(z)$ を，図３のように台形関数で近似する。すなわち磁束は，区間 $-b \leqq z \leqq -a$ で０から最大値 Φ_0 に一定の割合で増加し，区間 $a \leqq z \leqq b$ で最大値 Φ_0 から再び０に一定の割合で減少するとする。ここで磁束の正の向きを上向きにとった。磁石が通過する前後に，このリングに一時的に誘導起電力が現れる。その大きさを Φ_0，v，a，b を用いて表せ。

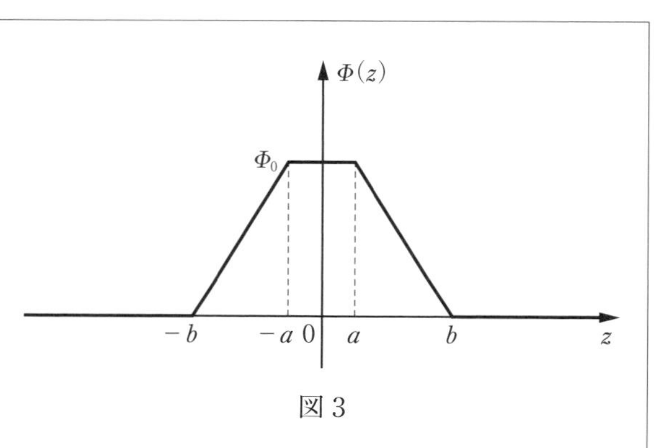

図３

このとき生じる誘導起電力 V の大きさは，次のように表されます。

$$|V|=\frac{d\Phi}{dt}$$

ここでは，この式を少し変形して，

$$|V|=\frac{d\Phi}{dt}=\frac{d\Phi}{dz}\cdot\frac{dz}{dt}$$

とし，磁束 Φ が変化する区間では $\left|\frac{d\Phi}{dz}\right|=\frac{\Phi_0}{b-a}$ であることと，磁石の落下速度は $\left|\frac{dz}{dt}\right|=v$ で一定であることを使って，次のように答えが求められます。

$$|V|=\frac{d\Phi}{dt}=\frac{d\Phi}{dz}\cdot\frac{dz}{dt}=\frac{\Phi_0 v}{b-a}$$ ……（答）

(3)　リング一周の抵抗を R としたとき，誘導起電力によって流れる電流の時間変化 $I(t)$ のグラフを描け。リングに電流が流れ始める時刻を時間 t の原点にとり，電流の正負と大きさ，電流が変化する時刻も明記せよ。ただし，リングの自己インダクタンスは無視してよい。

この誘導起電力によって生じる電流 I の時間変化 $I(t)$ は，次のように描けます。

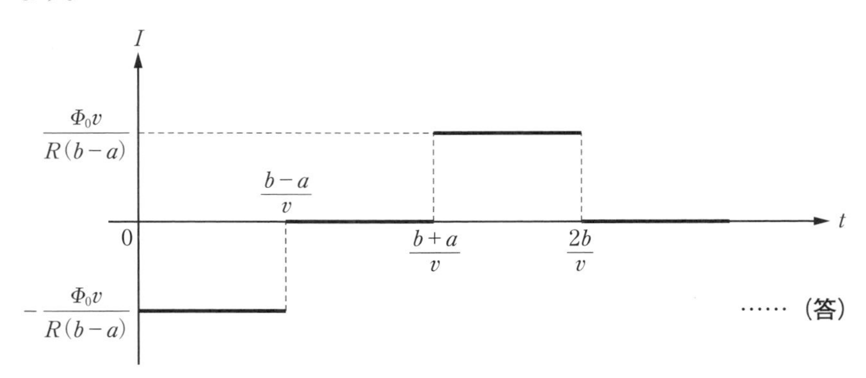

……（答）

さて，ここまでは，磁石が1つのリングを通過するときに起こる現象を考察しました。そして，このようなリングを密に積み上げたものがパイプだと考えれば，磁石をパイプの中へ落下させた場合に起こる現象を理解できるのです。それが，続く設問Ⅱと Ⅲの内容です。

Ⅱ　次に，図1(b)（p.137）のように，鉛直方向に設問Ⅰで考えたリングを密に積み上げ，その中を設問Ⅰと同じ磁石が落下する場合を考える。鉛直方向の単位長さ当たりのリングの数を n とする。

(1)　リングに電流が流れるとジュール熱が発生する。磁石が速さ v で落下するとき，積み上げられたリング全体から単位時間当たりに発生するジュール熱を求めよ。

電磁誘導によってリングに生じる電流（誘導電流）の大きさは，$\dfrac{\Phi_0 v}{R(b-a)}$ でした。よって，リングでは単位時間当たりに，次のようなジュール熱が発生します。

$$RI^2 = R\left\{\frac{\Phi_0 v}{R(b-a)}\right\}^2$$

ただし，これは磁束が変化するリングにおいてだけです。磁束が変化しないリングでは誘導電流は生じず，ジュール熱も発生しません。

図3（p.140）から，磁束が変化する z 座標の区間の長さの合計は $2(b-a)$ です。この範囲には $2(b-a)n$ 本のコイルがあり，そこでジュール熱が発生します。よって，リング全体で単位時間当たりに発生するジュール熱は，次のようになります。

$$R\left\{\frac{\Phi_0 v}{R(b-a)}\right\}^2 \times 2(b-a)n = \frac{2n\Phi_0{}^2 v^2}{R(b-a)} \quad \cdots\cdots \textbf{（答）}$$

(2) 磁石の質量を M，重力加速度を g としたとき，エネルギー保存則を用いると磁石が一定の速さで落下することがわかる。その速さ v を求めよ。ただし，このとき空気の抵抗は無視できるものとする。

何もないところからエネルギーは生まれません。では，リングで発生するジュール熱は，どこから来るのでしょう？　答えは，「（磁石のもつ）重力による位置エネルギー」です。磁石は落下していきますので，重力による位置エネルギーを失います。しかし，落下速度 v は一定です。つまり，**運動エネルギーは増加していない**ということです。その代わりに，ジュール熱に変わっているのです。

磁石は，単位時間当たりにMgvだけ重力による位置エネルギーを失います。これがジュール熱になることから，

$$Mgv=\frac{2n\Phi_0{}^2v^2}{R(b-a)}$$

であることがわかり（エネルギー保存則），これを解いてvが求められます。

$$v=\frac{MgR(b-a)}{2n\Phi_0{}^2}$$ ……**（答）**

以上の考察から，導体のパイプ中を磁石が落下するときに磁石が一定速度になる理由，そして，それがどのような値になるのかを理解できました。また，パイプではジュール熱が発生することもわかりました（ただし，流れる時間も短く，熱くなることを触って確かめるのは難しいかもしれません）。

それでは，最後の設問Ⅲです。

Ⅲ　図1(a)（p.137）で，磁石のN極とS極を逆にして実験を行うと，磁石はどのような運動を行うか。その理由も示せ。

磁石の向きを逆にして落下させた場合ですが，**（答）磁石の運動はまったく変わりません**。というのは，**（答）磁石をどちら向きにしても，磁石には上向きに力がはたらくから**です。そのことは，設問Ⅰ(1)と同様に考えれば理解できます。つまり，パイプ中を落下する磁石は必ず減速するのです。磁石が受ける力の大きさも変わらず，磁石は向きに関わらず同じ運動をします。この実験を行う場合，磁石の向きは気にしなくてよいということですね。

4.5 簡単に実験できる題材②

4.4 (p.137) に続きもう1つ，身近なものを使って，実験して遊べる題材を紹介します。2005年（平成17年）の東大入試で出題された問題からです。どのような実験なのか，さっそく導入文で確認しましょう。

Lead

図1のように，ボタン型磁石と薄いアルミニウム円板を貼り合わせたものを，磁石の磁力を使って鉄釘(てつくぎ)を介して乾電池の鉄製負電極につるす。乾電池の正極からリード線をのばし，抵抗を介してリード線の他端Pをアルミニウム円板の円周上の点に触れさせると，アルミニウム円板とボタン型磁石は回転を始めた。その後，リード線とアルミニウム円板がすべりながら接触するようにリード線を保持すると，円板と磁石は回転し続けた。ボタン型磁石は，図1のように上面がN極，下面がS極で，電気を通さない。アルミニウム円板の半径を a，乾電池の起電力を V，抵抗の抵抗値を R，アルミニウム円板を貫く磁束密度 B は円板面内で一様とする。ただし，リード線とアルミニウム円板の間の摩擦，鉄釘

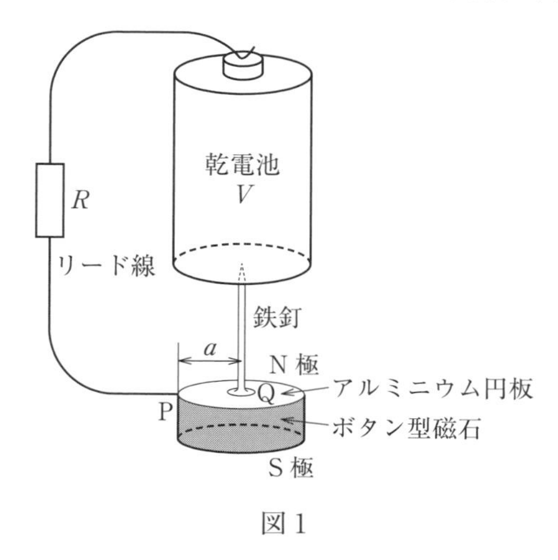

図1

と電池の間の摩擦は無視してよい。また，アルミニウム円板と鉄釘の間の摩擦は十分大きく，これらは一体になって回転するものとする。

どうしてこのようなことが起こるのか，問題を解きながら確かめてみましょう。まずは，設問(1)です。

(1)　アルミニウム円板とボタン型磁石が回転する方向を，理由を付して答えよ。略図を使ってもよい。ただし，アルミニウム円板を流れる電流は，鉄釘との接合点Qと点Pの間を直線的に流れると考えてよい。

アルミニウム円板とボタン型磁石を上（乾電池側）から見ると，磁束や電流の向きは次のようになります。よって，フレミングの左手の法則から，電流に磁界からの力がはたらき両者は**（答）反時計回りに回転する**ことがわかります。

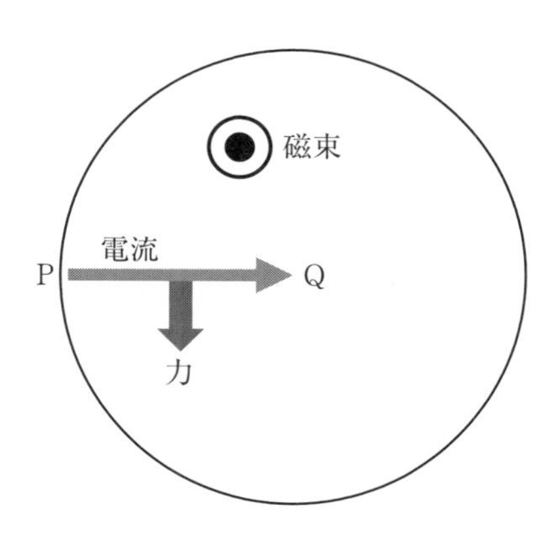

続く設問(2)では，乾電池を検流計に置き換えています。

(2)　図2のように，乾電池の代わりに検流計を置く。アルミニウム円板とボタン型磁石を図2の矢印方向に力を加えて回転させると，検流計に電流が流れた。電流の流れる方向を理由を付して答えよ。

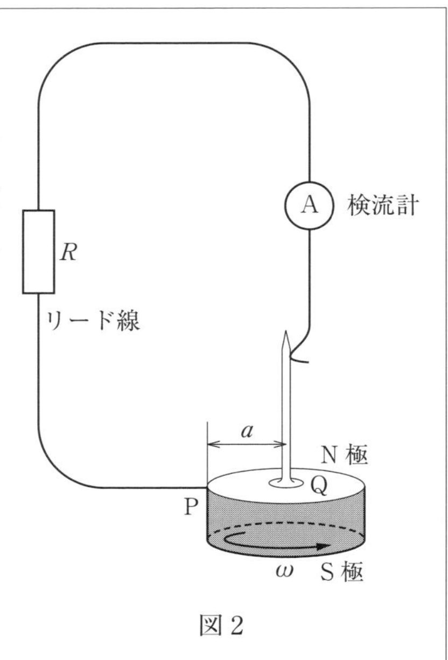

図2

磁石を回転させると検流計に電流が流れるのは，次のような向きに誘導起電力が生じるからです（**フレミングの右手の法則**）。

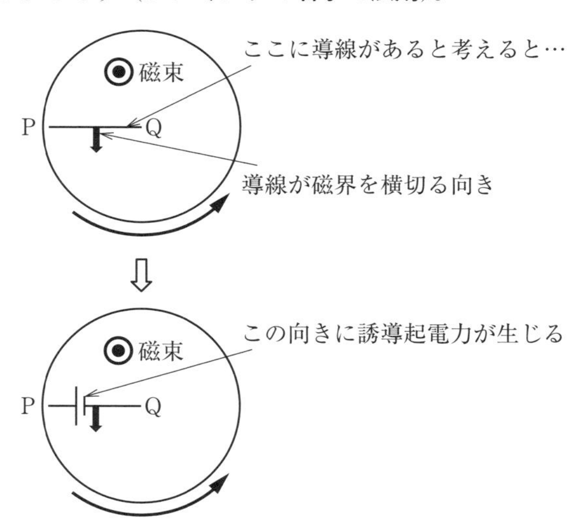

よって，**(答）電流は検流計を上から下に流れる**ことがわかります。

続く設問(3)では，このとき生じる誘導起電力の大きさを求めます。

> (3)　設問(2)で生じていた起電力 E の大きさは，ボタン型磁石の回転の角速度が ω のとき，$E=b\omega B$ と表せることを示し，係数 b を求めよ。ただし，釘は十分細いとしてよい。

先ほどのように，長さ a の導線PQが磁界を横切ると考えて求めることができます。このとき，導線PQは点Qを中心軸として回転するため，位置によって磁界を横切る速さが異なります。ですから，単純に公式を当てはめることはできません。そこで，その**平均値**を求めます。導線の速度は点Qでは0で，点Pに近づくにつれてQからの距離に比例して大きくなり，Pで最大の $a\omega$ となります。よって，PQの中間での値が平均値 $\frac{0+a\omega}{2}=\frac{1}{2}a\omega$ となります。

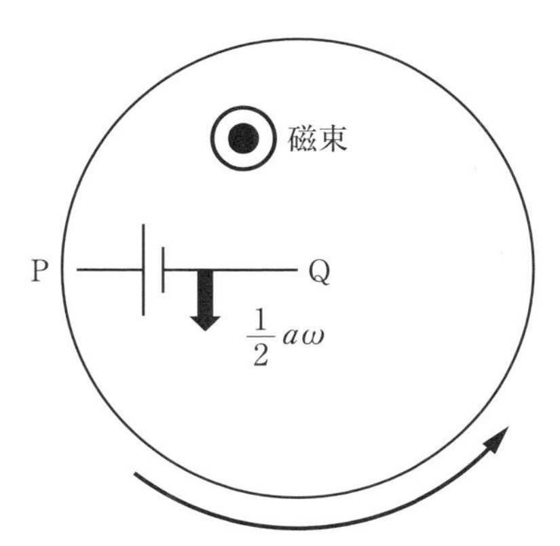

この値を v として，次のように生じる誘導起電力 E の大きさが求められます。

$$E=vBa=\frac{1}{2}a\omega\cdot Ba=\frac{1}{2}a^2\omega B\ (=b\omega B)$$

$$\therefore\ b=\frac{1}{2}a^2$$ ……（答）

最後に，円板が一定速度に落ち着くときの値を求めるのが設問(4)です。

> (4)　図１（p.144）において，十分時間が経つとアルミニウム円板とボタン型磁石の角速度はある一定値 ω_1 になる。ω_1 を V，B，b を用いて表せ。

実際に実験したときには，角速度はこれに近い値になるでしょう。円板に力がはたらいている間は，円板は加速します。一定速度になるのは，円板に力がはたらかなくなったときです。それは，円板に（PQ 間に）電流が流れなくなったときです（電流が流れれば，必ず磁界から力がはたらきます）。そのようになるのは，**PQ 間に生じる誘導起電力と乾電池の電圧が等しくなったとき**で，$b\omega B=V$ となるときです。これを満たす ω が求める ω_1 なので，次のようになります。

$$\omega_1=\frac{V}{bB}$$ ……（答）

このように，現象が起こる原理を理解したうえで実験してみると，新たな発見を得られるかもしれませんね。

第5章

光の奥深さを解き明かす

5.1 スリットの集合をレンズにする方法

遠方から進んできた光を一点に集めることができるレンズは，望遠鏡や双眼鏡，眼鏡，カメラなどいろいろなものに活用されています。レンズは，綿密な曲率の設計，高度な研磨技術によって作り上げられます。

さて，そんなレンズを紙に切れ込み（スリット）を入れるだけで作れるとしたら，すごいことだと思いませんか？　2014年（平成26年）の東大入試問題では，そんなことを実現できる方法が紹介されています。紙で作ったレンズが実用化されることもあるかもしれない……，そんなことを期待させてくれるような問題です。さっそく，導入文を確認しましょう。

Lead

図1(a)のように yz 平面上に設置した等間隔ではない多数の同心円状の細いスリットを用いると，x 軸に平行に入射した光の回折光を図1(b)のように集めて収束させることができる。以下では問題を簡単にするため，同心円状のスリットを図1(c)に示すような直線状の細い平行なスリットで置き換えて，その原理を考えよう。

図2に示すように，x 軸上の原点Oを通り x 軸に垂直な面Aと，面Aから距離 d だけ離れたスクリーンBを考える。y 方向（紙面に垂直）に伸びた細いスリット S_0，S_1，S_2，……を面A上の $z=z_0$，z_1，z_2，……($0<z_0<z_1<z_2<\cdots\cdots$) の位置に配置する。波長 λ の光が，面Aの左側から x 軸に平行に入射し，スリットを通過してスクリーンBに到達する。まず，スリット S_0，S_1 のみを残し，他のスリットをすべてふさいだところ，スクリーンB上に干渉縞（かんしょうじま）が生じた。

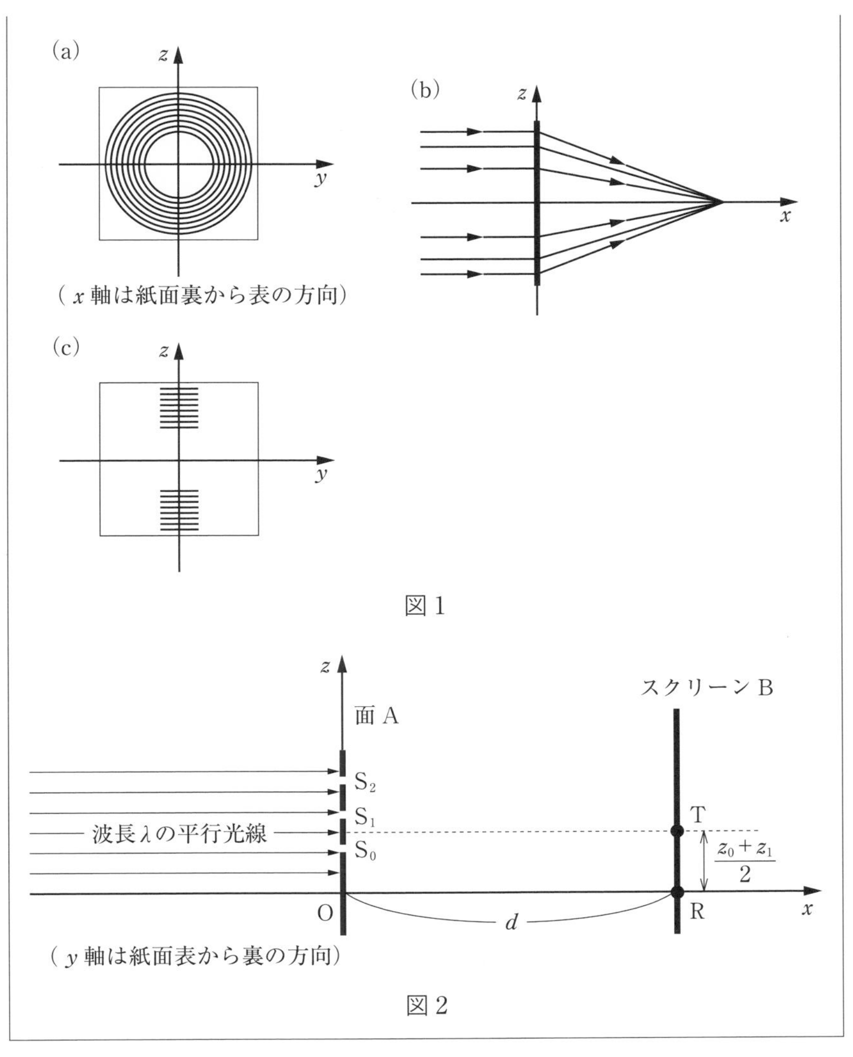

この問題では，光の干渉がテーマとなります。スリットを通過した光どうしがスクリーン上で強め合えば，明るく光るというわけです。光が干渉して強め合うかどうかは，光路差（光学距離の差）によって決まります。光路差が波長 λ の整数倍であれば強め合うのです。

まずは，設問(1)と(2)で，2 つのスリットからの光の干渉を考えてみましょう。

(1)　スクリーンB上で$z=\frac{z_0+z_1}{2}$の位置Tにできるのは明線であるか暗線であるか。

設問(1)では，スクリーン上の位置Tまでの光路差（スリットS_0とS_1からの距離の差）は0（ゼロ）となっています。光はS_0とS_1では同位相なので，光路差が波長λの整数倍（0倍）であれば，2つの光は強め合うことになります。つまり，位置Tには**（答）明線**ができるのです。

(2)　スクリーンB上で，この位置Tより下方（zのより小さいほう）に最初に現れる明線を，スリットS_0，S_1に対する1次の回折光と呼ぶ。1次の回折光が，$z=0$の位置Rにあった。z_0，z_1はdより十分に小さいものとして，dをλ，z_0，z_1を用いて表せ。必要ならば，近似式$\sqrt{1+\delta}\fallingdotseq 1+\frac{1}{2}\delta$，（$|\delta|$は1より十分に小さいものとする）を用いてよい。

設問(2)では，スリットS_0とS_1から位置Rまでの光路差を具体的に計算しなければなりません。問題文で与えられている近似式を使うと，

$$S_0R=\sqrt{d^2+z_0{}^2}=d\sqrt{1+\left(\frac{z_0}{d}\right)^2}\fallingdotseq d\left\{1+\frac{1}{2}\left(\frac{z_0}{d}\right)^2\right\}$$

$$S_1R=\sqrt{d^2+z_1{}^2}=d\sqrt{1+\left(\frac{z_1}{d}\right)^2}\fallingdotseq d\left\{1+\frac{1}{2}\left(\frac{z_1}{d}\right)^2\right\}$$

と計算できるので，光路差は次のように求められます。

$$\text{光路差}=S_1R-S_0R\fallingdotseq\frac{z_1{}^2-z_0{}^2}{2d}$$

これが波長λの整数倍であれば明線が現れるのですが，1次の回折光にな

るということは光路差が波長λの1倍であるということです。したがって，求める条件は次のようになり，距離dが求められます。

$$\frac{{z_1}^2-{z_0}^2}{2d}=\lambda \qquad \therefore\ d=\frac{{z_1}^2-{z_0}^2}{2\lambda} \quad \cdots\cdots \text{（答）}$$

続く設問(3)以降では，多数のスリットの働きを考えていきます。いよいよ，紙で作るレンズの登場です。順に解いていくと，スリットの集合がレンズになる仕組みが理解できます。

Lead

次に，$z>0$の領域にある合計N本の多数のスリットすべてを用いる場合を考える。すべての隣りあうスリットの組S_nとS_{n-1}（$n=0,\ 1,\ 2,\ \cdots\cdots$）について，それらの1次の回折光がRに現れるためには，その方向がnとともに少しずつ変わるようにスリットを配置する必要がある。このような面AにN本のスリットを設置したところ，Rに鮮明な明線が現れた。

(3) このときn番目のスリットの位置z_nはnのどのような関数になっているか。z_nをz_0，n，d，λを用いて表せ。

設問(3)では，すべての隣りあうスリットの組について，それらの1次の回折光が位置Rに現れる条件を求めます。

隣りあうスリットからの光路差は，設問(2)と同じように求められるので，

$$\left.\begin{aligned}\frac{{z_1}^2-{z_0}^2}{2d}&=\lambda\\ \frac{{z_2}^2-{z_1}^2}{2d}&=\lambda\\ \frac{{z_3}^2-{z_2}^2}{2d}&=\lambda\\ &\vdots\\ \frac{{z_n}^2-{z_{n-1}}^2}{2d}&=\lambda\end{aligned}\right\}\text{(a)}$$

という条件が満たされればよいことになります。これらの式は，次のように変形できます。

$$\begin{aligned}{z_1}^2-{z_0}^2&=2d\lambda\\ {z_2}^2-{z_1}^2&=2d\lambda\\ {z_3}^2-{z_2}^2&=2d\lambda\\ &\vdots\\ {z_n}^2-{z_{n-1}}^2&=2d\lambda\end{aligned}$$

これらをすべて足し合わせると，z_n が次のように求められます。

$${z_n}^2-{z_0}^2=2nd\lambda \qquad \therefore\ z_n=\sqrt{{z_0}^2+2nd\lambda} \quad \cdots\cdots\ \textbf{(答)}$$

この式を満たす位置にスリットを配置していけば，光を一点に集められるのです。すなわち，スリットの集合がレンズになるのです。スリットを適当に入れるのでも，等間隔で入れるのでもなく，この式を満たすように入れることでレンズを作ることができるのですね。

そして続く設問(4)では，このようにして作ったレンズが普通のレンズにはない特徴を持っていることが理解できます。結論を先に言えば，**レンズとスクリーンの間の距離を変えても明線ができることがある**ということです。

(4)　スクリーンBを x 軸上に沿って左右に動かすと，他にも $z=0$ に明線が現れる位置があった。それらの x 座標を R に近い順に 2 つ答えよ。

普通は，明瞭な明線ができるようになるレンズとスクリーンの間の距離は 1 つに決まります。「**焦点距離**」と呼ばれるものです。ところが，スリットの集合の場合はそうではないのです。隣りあうスリットからの光路差が波長 λ の整数倍であれば光が強め合うわけですが，整数倍ということは 1 倍だけでなく 2 倍，3 倍，……もあり得るのです。そのため，明線ができるレンズとスクリーンの距離は 1 つに限定されないのです。隣りあうスリットからの光路差が波長 λ の 2 倍となる場合，面 A からスクリーン B までの距離を d' として，

$$\frac{{z_1}^2-{z_0}^2}{2d'}=2\lambda$$

$$\frac{{z_2}^2-{z_1}^2}{2d'}=2\lambda$$

$$\frac{{z_3}^2-{z_2}^2}{2d'}=2\lambda$$

$$\vdots$$

$$\frac{{z_n}^2-{z_{n-1}}^2}{2d'}=2\lambda$$

という関係が成り立つことになります。これを先ほどの設問(3)の数列(a)（p.154）と比較すると，z_0，z_1，z_2，……，z_n の値は変わらないので，

$$d'=\frac{1}{2}d \quad \cdots\cdots \textbf{(答)}$$

であればよいとわかります。隣りあうスリットからの光路差が波長 λ の 3 倍となる場合は，

$$\frac{{z_1}^2-{z_0}^2}{2d''}=3\lambda$$

$$\frac{{z_2}^2-{z_1}^2}{2d''}=3\lambda$$

$$\frac{{z_3}^2-{z_2}^2}{2d''}=3\lambda$$

$$\vdots$$

$$\frac{{z_n}^2-{z_{n-1}}^2}{2d''}=3\lambda$$

より，

$$d''=\frac{1}{3}d \quad \cdots\cdots \text{（答）}$$

という距離にすればよいとわかります。このように，スクリーンをずらしても明線ができる場所がいくつもあるのですね。

そして，設問(3)の答えの式を満たすように作ったスリットの集合がレンズとして機能することがわかっていれば，次の設問(5)はあっさり解くことができます。

(5)　左側から平行光線を入射する代わりに，図3に示すように x 軸上の原点Oから距離 a の点Pに波長 λ の点光源を置き，スクリーンBを x 軸に沿って左右に動かすと，$z=0$ に明線が現れる位置R′があった。その x 座標 b を，λ を含まない式で表せ。ただし，$z=z_0$，z_1，z_2，……は a，b より十分に小さく，$a>d$ かつ $b>d$ であるとする。

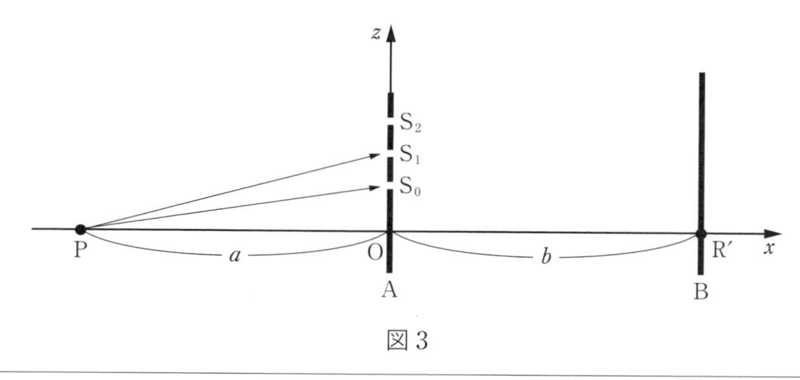

図3

設問(5)は，点Pに点光源を置き，位置R′に**実像**ができたという状況について考えているのです。このレンズは，平行光線をレンズから距離d，$\frac{1}{2}d$，$\frac{1}{3}d$，……の点に集めます。つまり，d，$\frac{1}{2}d$，$\frac{1}{3}d$，……といういくつもの焦点距離の値を持つレンズと考えられるわけです。これらの値をレンズの公式，

$$\frac{1}{a}+\frac{1}{b}=\frac{1}{f}$$

(a：光源とレンズの距離，b：レンズと実像の距離，f：レンズの焦点距離)
に当てはめると，

$$\frac{1}{a}+\frac{1}{b}=\frac{1}{d}$$

$$\frac{1}{a}+\frac{1}{b}=\frac{1}{\frac{d}{2}}=\frac{2}{d}$$

$$\frac{1}{a}+\frac{1}{b}=\frac{1}{\frac{d}{3}}=\frac{3}{d}$$

$$\vdots$$

となります。この中で，$a>d$かつ$b>d$で成り立つのは最初の式，

$$\frac{1}{a}+\frac{1}{b}=\frac{1}{d}$$

Note

$a>d$かつ$b>d$のとき，必ず$\frac{1}{a}+\frac{1}{b}<\frac{1}{d}\times 2$です。

だけなので，これを解いて次のように求められます。

$$b=\frac{ad}{a-d} \quad \cdots\cdots \text{（答）}$$

なお，光路差を丁寧に考えれば，次のようにも求められます。

点Pから各スリットまでの距離を，各スリットから位置R′までの距離と

同じように求めれば，点Pから2つの隣りあうスリットを通過して位置R′にたどり着く2つの光の光路差は，

$$\frac{{z_n}^2-{z_{n-1}}^2}{2a}+\frac{{z_n}^2-{z_{n-1}}^2}{2b}$$

と求められます。これが次の条件式，

$$\frac{{z_n}^2-{z_{n-1}}^2}{2a}+\frac{{z_n}^2-{z_{n-1}}^2}{2b}=\lambda$$

を満たせばよく，

$$\frac{{z_n}^2-{z_{n-1}}^2}{2d}=\lambda$$

であることから，次の関係が求められます。

$$\frac{1}{a}+\frac{1}{b}=\frac{1}{d}$$

それでは，最後の設問(6)です。

(6)　図4は，設問(5)の状況において，R′近傍に現れる明線の光の強度分布をzの関数として示したものである。ただし，光の強度とは単位時間当たりに単位面積に到達する光のエネルギーである。図1(c)(p.151）のように，$z<0$の領域にも$z>0$の領域と対称にスリットを配置して，スリットの総数を2倍にした。このとき，明線の強度や幅が変化した。以下の文中の［　　］内に入るべき適当な整数もしくは分数を答えよ。

スリットの総数が2倍になったので，点R′における光の波（電磁波）の振幅は［ア］倍になる。光の強度は光の波の振幅の2乗に比例することが知られているので，点R′での光の強度は［ア］の2乗倍になる。一方，明線内に単位時間当たりに到達する光のエネルギーは［イ］倍になるはずである。このことから，スリット数を2

倍に増やすと明線の z 方向の幅は，約 ウ 倍になると考えられる。

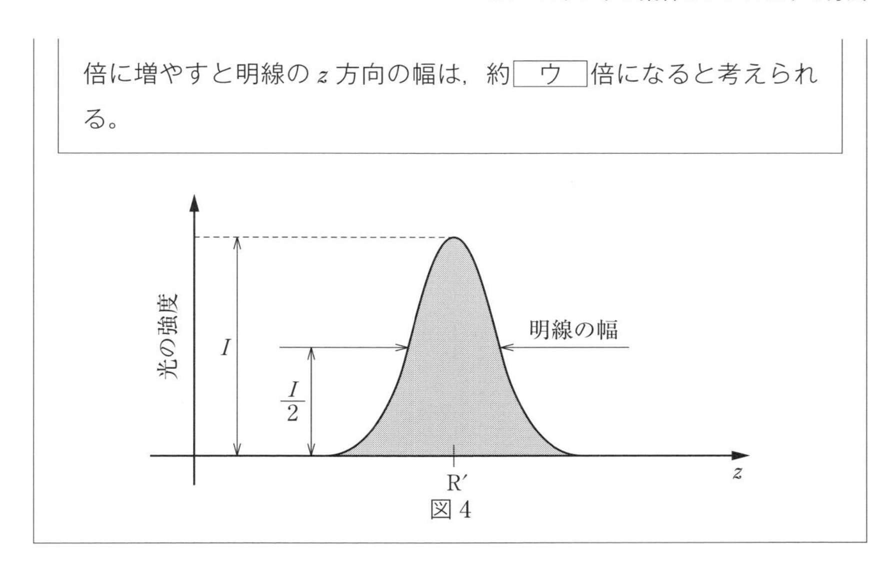

図 4

ここでは，スリットの総数を 2 倍に増やした場合の変化を考えます。その結果，意外な結論が導き出されるのです。スリットの総数を 2 倍にすると，点 R′ で重ね合わさる光の量が 2 倍になります。スリットはすべて光路差が波長 λ の整数倍になるように増やしているので，点 R′ ですべて強め合います。その結果，点 R′ では光の **（答）振幅が 2 倍**になります。そして，振幅の 2 乗に比例する**光の強度は，点 R′ で $2^2=4$ 倍**となります。これをエネルギーという視点から考えても同じことです。明線の位置へ到達する光の量が 2 倍になるのですから，到達する **（答）光のエネルギーも 2 倍**になります。

以上のことは，次のように整理することができます。

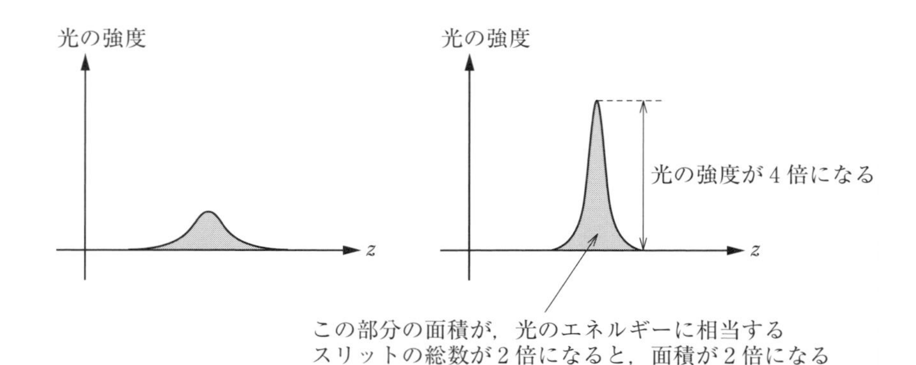

上の図から，**(答) 明線の z 方向の幅 (アミかけ部分の幅) は約 $\frac{1}{2}$ 倍**になることがわかります。スリットを増やすと，スクリーン上に到達する光の量が増えます。そうすると，明線の幅も広がりそうに感じませんか？　しかし，実際には光の強度がぐっと上がる代わりに明るい部分は狭くなるのです。明線が鋭くなるのですね。このことは，**スリットの数を増やすほど光を一点に集めるレンズの性能が向上すること**を示しています。

5.2 空気の屈折率の測定方法

光には，波長，振動数，伝わる速さといった諸量があります。光が真空中を伝わる速さは約 3.0×10^8 m/s ですが，伝わる物質（媒質）によって光の速さは変化します。光は水やガラスの中も進みますが，このときは真空中に比べてゆっくりと進むようになります。また，このときは光の波長も速さに比例して変化します。ただし，振動数は変わらないことが知られています。

物質が光の波長や伝わる速さに与える影響の度合いを「**屈折率**」といいます。屈折率が n の物質中では，光の波長と伝わる速さは（真空中と比較すると）ともに $\frac{1}{n}$ 倍になります。例えば，水の屈折率はおよそ 1.3 です。ガラスは種類によって異なりますが，およそ 1.4～1.9 程度の屈折率です。

水やガラスの中を光が進むときには，波長や伝わる速さが大きく変化するので，屈折率の測定は容易です。ところが，空気は屈折率が約 1.000292（0℃，1 気圧の場合）と，真空中（正確に 1）とほとんど変わりません。そのため，空気の屈折率を測定するのは非常に困難です。しかし，実は，それを精巧に測定する方法が知られています。2012 年（平成 24 年）の東大入試問題では，その方法が紹介されています。さっそく，導入文を読んでみましょう。

Lead

複スリットによる光の干渉を利用して気体の屈折率を測定する実験について考えよう。図 1 のように，透明な 2 つの密閉容器 C_1，C_2（長さ d）を，平面 A 上にある 2 つのスリット S_1，S_2（スリット間隔 a）の直前に置き，A の後方にはスクリーン B を配置する。A，B は互いに平行であり，その間の距離 L とする。スクリーン B 上の座標軸 x を，O を原点として図 1 のようにとる。原点 O は S_1，S_2 から等距離にある。いま，平面波とみなせる単色光（波長 λ）を，密閉容器を通してスリットに垂直に入射すると，スクリーンB上には多数の干渉縞(かんしょうじま)が現れる。密閉容器の壁の厚さは無視してよいものとする。

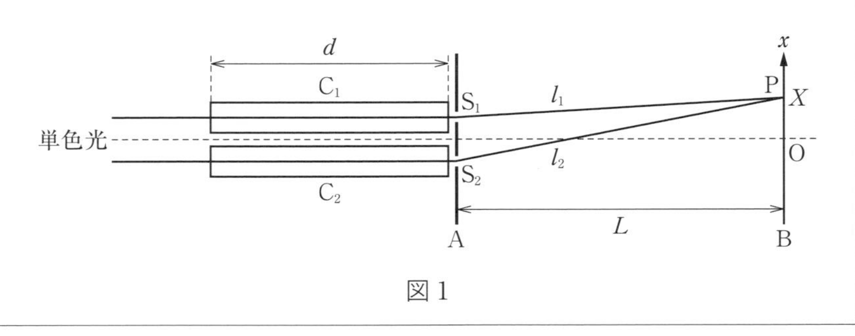

図1

このように，光を干渉させる装置を使って空気の屈折率を調べられるのですね。どのように求められるのか，設問を解きながら考えていきましょう。まずは，設問Ⅰからです。

Ⅰ　密閉容器 C_1，C_2 両方の内部を真空にした場合，光源から2つのスリット S_1，S_2 までの光路長は等しいため，単色光は S_1，S_2 において同位相である。

(1)　スクリーンB上の点Pの x 座標を X，S_1 とPの距離を l_1，S_2 とPの距離を l_2 としたとき，距離の差 $\Delta l=|l_1-l_2|$ を，a，L，X を用いて表せ。ただし，L は a や $|X|$ よりも十分に大きいものとする。なお，$|h|$ が1よりも十分小さければ，$\sqrt{1+h}\fallingdotseq 1+\dfrac{h}{2}$ と近似できることを利用してよい。

(2)　点Pに明線があるとき，X を a，L，λ，および整数 m を用いて表せ。

設問Ⅰ(1)は，5.1（p.150）の設問(2)と同様にして求めることができます。問題文に与えられた近似式を使うと，

$$l_1 = S_1P = \sqrt{L^2 + \left(X - \frac{a}{2}\right)^2} \fallingdotseq L\left\{1 + \frac{1}{2L^2}\left(X - \frac{a}{2}\right)^2\right\}$$

$$l_2 = S_2P = \sqrt{L^2 + \left(X + \frac{a}{2}\right)^2} \fallingdotseq L\left\{1 + \frac{1}{2L^2}\left(X + \frac{a}{2}\right)^2\right\}$$

と変形できるので，Δl は次のように表せます。

$$\Delta l = |l_1 - l_2| \fallingdotseq \frac{a|X|}{L} \quad \cdots\cdots \text{（答）}$$

そして，$\Delta l = m\lambda$（距離の差 Δl が波長 λ の整数倍）であれば点 P は明線となります。そのような位置 X は，次のように求められます。

$$\frac{aX}{L} = m\lambda \qquad \therefore\ X = \frac{mL\lambda}{a} \quad \cdots\cdots \text{（答）}$$

続く設問Ⅱでは，容器 C_1 へ気体を入れ，その屈折率について考察します。

> Ⅱ　C_2 の容器内を真空に保ったまま，C_1 の容器内に気体をゆっくりと入れ始めた。一般に，絶対温度 T，圧力 p の気体の屈折率と真空の屈折率との差は，その気体の数密度（単位体積当たりの気体分子の数）ρ に比例する。
>
> (1)　容器内の気体の圧力が p で絶対温度が T のとき，その気体の数密度 ρ を p，T，k（ボルツマン定数）を用いて表せ。ただし，この気体は理想気体とみなしてよい。
>
> (2)　温度を一定に保ったまま C_1 の容器内に気体を入れて圧力を上げると，スクリーン B 上の干渉縞は，x 軸の正方向，負方向のどちらに移動するか。理由を付けて答えよ。

気体 n モル（mol）の数密度 ρ は，アボガドロ定数を N_A，気体の体積を V として，次のように表せます。

$$\rho=\frac{nN_{\mathrm{A}}\text{（気体分子の数）}}{V\text{（気体の体積）}}$$

この式は，理想気体の状態方程式 $pV=nRT$，ボルツマン定数 $k=\dfrac{R}{N_{\mathrm{A}}}$（$R$：気体定数）を使うと，次のようになります。

$$\rho=\frac{nN_{\mathrm{A}}}{V}=nN_{\mathrm{A}}\times\frac{p}{nRT}=\frac{N_{\mathrm{A}}}{R}\times\frac{p}{T}=\frac{p}{kT}\quad\cdots\cdots\text{（答）}$$

このように表される数密度 ρ に比例して，気体の屈折率は真空の屈折率から変化していきます。その結果，気体の屈折率が n になったとして，設問Ⅱ(2)を考えてみましょう。もともと，内部が真空の容器 C_1 を光が進んでいくとき，その距離は d でした。それが，屈折率 n の気体が封入されることで光にとっての距離（光路長）は nd に変わる（伸びる）のです。**これは，光の波長 λ と伝わる速さ v が物質によって変わるのと根本的に同じことです。**

さて，2つの容器 C_1，C_2 がともに真空のとき，スクリーン上の位置 X での光路差（光路長の差）は $\dfrac{aX}{L}$ と表すことができるのでした（簡単のため，$X\geqq 0$ の場合だけを考えます）。ここに，容器 C_1 の光路長が d から nd に変わる，すなわち $(n-1)d$ だけ増える効果を加味（かみ）すると，光路差は次のようになることがわかります。

$$\frac{aX}{L}-(n-1)d$$

そして，これが波長の整数倍 $m\lambda$ になるときの位置が明線となるので，明線の位置 X は次のようになります。

$$\frac{aX}{L}-(n-1)d=m\lambda \qquad \therefore\ X=\frac{mL\lambda}{a}+\frac{(n-1)dL}{a}$$

つまり，最初の位置より **（答）$\dfrac{(n-1)dL}{a}$ だけ x 軸の正方向へ移動**することがわかります。

以上のように，今回の測定装置に関する予備知識の確認ができました。いよいよ，設問Ⅲでは気体の屈折率を測定します。

Ⅲ　C_2 の容器内を真空に保ったまま，C_1 の容器を絶対温度 T，1 気圧（101.3 kPa）の気体で満たした。このときの気体の屈折率を n とする。

(1)　C_1 の容器が真空状態から絶対温度 T，1 気圧の気体で満たされるまでに，それぞれの明線はスクリーン B 上を距離 ΔX だけ移動した。気体の屈折率 n を，ΔX を用いて表せ。

(2)　設問Ⅲ(1)で，原点 O を N 本の暗線が通過した後，明線が原点 O にきて止まった。気体の屈折率 n を，N を用いて表せ。

容器 C_1 を屈折率 n の気体で満たしたとき，スクリーン上の明線の位置は，$\Delta X=\dfrac{(n-1)dL}{a}$ だけ x 軸の正方向へ移動するのでした。ここから，n が次のように求められます。

$$n=1+\frac{a\Delta X}{dL} \quad \cdots\cdots \text{（答）}$$

そして設問Ⅲ(2)では，干渉縞が明線の間隔 N 個分移動した状況を考えます。明線は $X=\dfrac{mL\lambda}{a}$ を満たす位置にできる（設問Ⅰ(2)）ので，その間隔は $\dfrac{L\lambda}{a}$ です。干渉縞の移動距離 ΔX がこの N 個分に相当するわけですから，次の関係が成り立ちます。

$$\Delta X=\frac{NL\lambda}{a}$$

これより，n が次のように求められます。

$$\frac{(n-1)dL}{a}=\frac{NL\lambda}{a} \qquad \therefore\ n=1+\frac{N\lambda}{d} \quad \cdots\cdots \text{（答）}$$

さて，設問Ⅲ(1)と(2)によって，気体の屈折率 n の測定方法が示されまし

た。整理すると，

設問Ⅲ(1)**の方法**：干渉縞の移動距離 ΔX を求め，そこから気体の屈折率 n を求める。

$$n=1+\frac{a\Delta X}{dL}$$

設問Ⅲ(2)**の方法**：原点Ｏを通過する暗線の本数 N を求め，そこから気体の屈折率 n を求める。

$$n=1+\frac{N\lambda}{d}$$

このように，干渉縞を観察することで気体の屈折率を求められるわけですが，測定精度には限界があります。上記の２つの方法の測定精度を比較するのが，最後の設問Ⅲ(3)です。

(3)　気体の屈折率を精度よく求めるには，測定値の正確さが重要になる。いま，設問Ⅲ(1)で測定した ΔX は 0.1 mm の正確さで測定でき，設問Ⅲ(2)で測定した N は１本の正確さで数えられるとするとき，気体の屈折率は設問(1)の方法，設問(2)の方法のどちらが精度よく求められると考えられるか。理由を付けて答えよ。ただし，$d=2.5\times10^2$ mm，$L=5.0\times10^2$ mm，$a=5.0$ mm，$\lambda=5.0\times10^{-4}$ mm とすること。

設問Ⅲ(1)の方法では，ΔX を 0.1 mm の正確さで測定できるとあります。よって，この方法で気体の屈折率 n を求めると，その正確さは次のようになります。

$$\frac{a\Delta X}{dL}=\frac{5.0\ \text{mm}\times0.1\ \text{mm}}{2.5\times10^2\ \text{mm}\times5.0\times10^2\ \text{mm}}=4.0\times10^{-6}$$

一方，設問Ⅲ(2)の方法の場合は，N を１本の正確さで測定できるので，求められる気体の屈折率 n の正確さは次のようになります。

$$\frac{N\lambda}{d}=\frac{1\times5.0\times10^{-4}\,\mathrm{mm}}{2.5\times10^{2}\,\mathrm{mm}}=2.0\times10^{-6}$$

両者を比較すると，**(答) 設問Ⅲ(2)の方法のほうがより細かな精度で（すなわち，小さい誤差で）測定できる**ことがわかるのです。

空気の屈折率は，$1.000292=1+2.92\times10^{-4}$ ほどでした。精度に差はあれ，今回考察した２つの方法いずれを用いても，空気の屈折率をかなり精度よく求められることがわかります。5.1 （p.150）に続いて光の干渉が登場しましたが，このような測定にも役立てられるのですね。

5.3 ヤングの実験の応用問題

光の正体は何でしょう？　光は実に身近な存在で，これがなければ何も見ることができません。とても身近な存在の光ですが，その実体を問われて即答できるほど簡単なものではないようです。何百年という科学の歴史の中では，光の正体は「波動である」という説と「粒子である」という説が論争を繰り返してきました。現在では「**波動でもあり粒子でもある**」という奇妙な結論が得られているわけですが，論争の歴史の中で「光は波動である」ことの決定的証拠となったのが，この問題の題材となっている「**ヤングの実験**」です。19 世紀の初めにイギリスの物理学者トマス・ヤング（1773-1829）によって行われた実験ですが，**光が波動であることを決定づけた**もので，その地位は現在も揺らぎません。光の性質を知るうえで大変重要な実験であるため，大学入試でも頻繁に出題されています。ただし，ヤングの実験をそのまま出題したのでは芸がありません。そこで，2001 年（平成 13 年）の東大入試では，アレンジ（応用）を加えて出題されています。そこに出題者の腕の見せどころがあると言ってもよいでしょう。この問題では，「さすがは東大」と感じさせるような工夫がされています。特別なテクニックを必要とするのではなく，ヤングの実験の本質を理解してじっくり考える力を試される良問なのです。さっそく，問題の導入文を確認しましょう。

Lead

図１はヤングの干渉実験を示したものである。電球 V はフィルター F で囲まれていて，赤い光（波長 λ）だけを透過するようにしてある。電球 V から出た光はスクリーン A 上のスリット S_0，およびスクリーン B 上の複スリット S_1，S_2 を通ってスクリーン C 上に干渉縞（かんしょうじま）をつくる。スクリーン A，B，C は互いに平行で，AB 間の距離は L，BC 間の距離は R である。S_1 と S_2 のスリット間距離は d とし，S_1S_2 の垂直二等分線が

スクリーンAと交わる点をM，スクリーンCと交わる点をOとする。また，スクリーンC上の座標軸xを，Oを原点として図1のようにとる。必要に応じて，整数を表す記号としてm，nを用いよ。

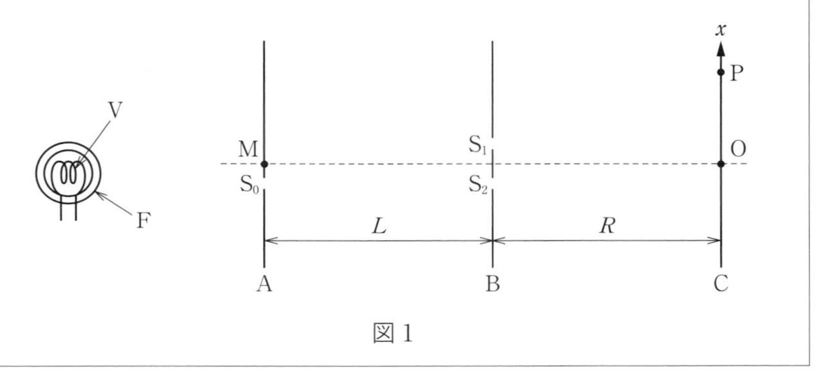

図1

設定としては，まさにヤングの実験そのものですよね。これを題材として，工夫された設問が登場します。まずは，設問(1)からみていきましょう。

(1)　スリットS_0がMの位置にある場合を考える。干渉縞の明線および暗線が現れるx座標の値をそれぞれ示せ。

最初は基本的な問題です。スリットS_0がMの位置にある場合，スリットS_0からS_1とS_2まで光が進む間に，光路差は生じません。光路差は，スリットS_1とS_2からスクリーンCへ到達するまでの間に生じます。スクリーンC上のある点P（位置の座標をxとする）までの光路差ΔLは，S_1PとS_2Pがそれぞれ，

$$S_1P=\sqrt{R^2+\left(x-\frac{d}{2}\right)^2}\fallingdotseq R\left\{1+\frac{1}{2R^2}\left(x-\frac{d}{2}\right)^2\right\}$$

$$S_2P=\sqrt{R^2+\left(x+\frac{d}{2}\right)^2}\fallingdotseq R\left\{1+\frac{1}{2R^2}\left(x+\frac{d}{2}\right)^2\right\}$$

と計算できることから，次のように求められます（p.152参照）。

$$\Delta L = |S_2P - S_1P| \fallingdotseq \frac{dx}{R}$$

そして，

$$\Delta L = m\lambda \quad (m は整数) \Rightarrow 明線$$

$$\Delta L = \left(m + \frac{1}{2}\right)\lambda \quad (m は整数) \Rightarrow 暗線$$

であることから，明線および暗線が現れる x 座標の値がそれぞれ次のように求められます。

明線の位置：$x = \dfrac{mR\lambda}{d}$　……**(答)**

暗線の位置：$x = \left(m + \dfrac{1}{2}\right)\dfrac{R\lambda}{d}$　……**(答)**

最初の設問(1)では，明線と暗線が交互にできる理由を確認できました。続いて設問(2)です。

> (2)　スクリーン A を取り除くと，スクリーン C 上の干渉縞は消失した。その理由を簡潔に述べよ。

設問(1)のように，スクリーンに到達する 2 つの光の光路差を明確に求められるのは，スクリーン A のスリット S_0 だけで光を通過させることで，スリット S_1 と S_2 までの距離を一定にしているからです。もしもスクリーン A がなかったら，電球 V から出た光がもっといろいろな位置からスリット S_1 および S_2 まで到達することになり，S_1 と S_2 へ到達する段階でも光路差が生じてしまいます。

最終的には，光源のどこから発せられた光もスクリーン C 上に干渉縞をつくりますが，スリット S_1 と S_2 へ到達した段階での光路差によって，その干渉縞の位置がずれます。**(答) スクリーン A がなくなることで，スクリーン**

C 上ではいろいろな位置に無数の干渉縞ができることになり，その重ね合わせは干渉縞にならなくなってしまうのです。

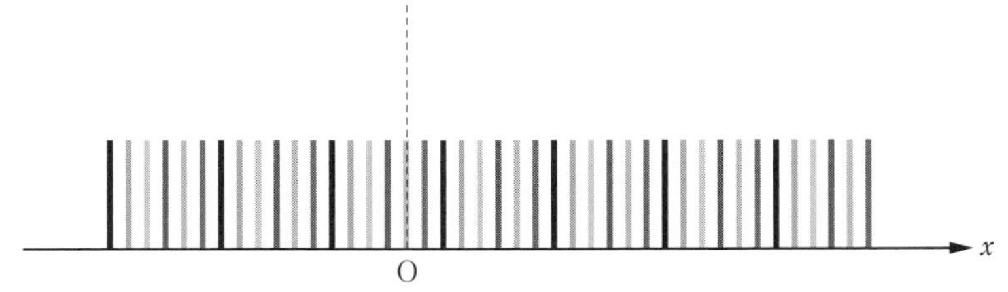

無数の明線が生じる結果，全体が明るくなる

さて，ここまでは，ヤングの実験の基本を確認するものでした。次の設問(3)から，いよいよ応用へと入っていきます（ただし，設問(3)はよくある出題パターンですので，面白いのは設問(4)からです）。

(3) スクリーン A 上のスリット S_0 を，M から下側方向に h だけわずかにずらした。このとき，スクリーン C 上の干渉縞の明線が現れる x 座標の値を求めよ。ただし，h は L に比べて十分小さいとする。

スリット S_0 の位置を変えると，S_0 から S_1 および S_2 までの間でも光路差が生じるようになります。その値は，設問(1)と同様に求めると，次のようになります。

$$S_0S_1 - S_0S_2 \fallingdotseq \frac{dh}{L}$$

よって，スクリーン C 上の位置 x までのトータルの光路差は $\dfrac{dh}{L} - \dfrac{dx}{R}$ となります。

Note

$x<0$ のときに S_1 からの距離のほうが大きくなることから，$\dfrac{dx}{R}$ につける符号は負（マイナス）にする必要があることがわかります。

これが，

$$\frac{dh}{L}-\frac{dx}{R}=m\lambda \quad (m\text{ は整数})$$

を満たす位置が明線となるので，

$$\text{明線の位置}：x=\frac{mR\lambda}{d}+\frac{Rh}{L} \quad \cdots\cdots \text{（答）}$$

と求められます。**単スリットを移動させると，明線の位置は変わりますが**（この場合は x 軸正方向へ $\frac{Rh}{L}$ だけずれます），**その間隔は変わらない**ことがわかります。それでは，次は設問(4)を考えてみましょう。

(4)　設問(3)の状態のとき，スクリーンC上に現れる干渉縞の明線の位置は図2(a)のようであった。この結果から S_0 の位置 h を測定したい。ところが図2(a)だけからでは，どの干渉縞の明線がどのような干渉によって生じているかがわからない。そこで，フィルターFを交換して，緑の光（波長 λ'）だけを透過するようにした。そのとき，スクリーンC上に現れる干渉縞の明線の位置は図2(b)のようになった。図2(a)で，x 方向で原点にもっとも近い明線の位置を x_0 とするとき，h を x_0 を用いて表せ。

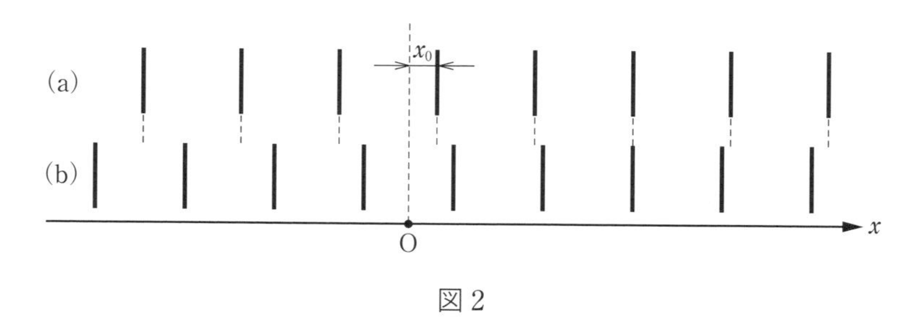

図2

次は，波長の異なる光を使って干渉縞をつくります。そうすることで，単スリットを動かした距離 h の値を求められる，というのですが，どうしてでしょう？

設問(3)で求めた明線の位置を表す式の中で，$\dfrac{R\lambda}{d}$ は明線の間隔を表します。これは光の波長 λ によって変化します。もう１つの $\dfrac{Rh}{L}$ は，$m=0$ に対応する明線の位置を表します。もともとスリット S_0 が M にあったときにはこれが 0（ゼロ）だったわけですが，スリット S_0 のずれ h に比例した距離だけ移動するのです。そして，この値は光の波長 λ に無関係であることがポイントです。このことを頭に置いて考えてみます。図２の(a)と(b)は，波長 λ が異なる光の明線を示しています。そして，ともに $m=0$ に対応する明線を含むはずですが，**その位置は一致しているはず**なのです。そのことから，次のものがそれぞれ $m=0$ に対応する明線であることがわかります。

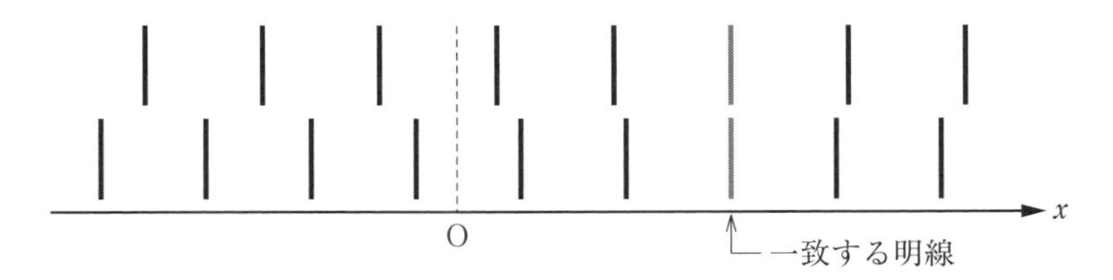

Note

$m=0$ に対応する明線はもっと右側にある可能性は否定できません。しかし，$h \ll L$ であることから $\dfrac{Rh}{L}$ がそれほど大きな値であるとは考えられないので，上のものであると判断するのが妥当だと考えられます。

ここで図２(a)について考えると，$m=0$ に対応する明線の位置は $\dfrac{Rh}{L}$ であり，図から次の関係がわかり，これを解いて h が次のように求められるのです。

$$\frac{Rh}{L}=2\frac{R\lambda}{d}+x_0 \qquad \therefore\ h=L\left(\frac{2\lambda}{d}+\frac{x_0}{R}\right) \quad \cdots\cdots \textbf{（答）}$$

それでは，最後の設問(5)です。

(5)　設問(3)の状態でスクリーン A 上にもう１つのスリット S_0' を開ける。S_0' の位置は S_1S_2 の垂直二等分線に対して S_0 と対称な位置とする。このとき，スクリーン C 上の干渉縞の明暗がもっとも明瞭となるときの h の値を求めよ。

再び１つの波長の光の干渉縞を考えます。この干渉縞は，スクリーン A にスリットを開けることでつくられるのでした。その状況で，スクリーン A にもう１つスリットを開けると，干渉縞が１つ増えることになるのです。このとき，干渉縞の明線の間隔は $\dfrac{R\lambda}{d}$ でありスリットの位置に無関係ですから，２つの干渉縞の間隔は等しくなります。

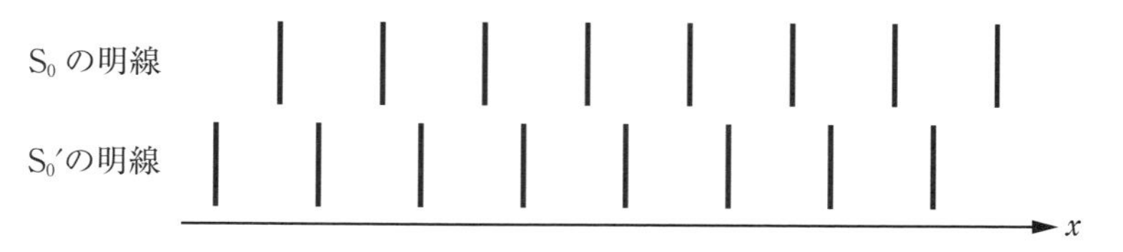

両者で異なるのは，$m=0$ に対応する明線の位置のずれです。この値は，$\dfrac{Rh}{L}$ と表せました。２つのスリットが S_1S_2 の垂直二等分線に対して対称に位置することから，$m=0$ に対応する明線の位置のずれは逆向きに同じ大きさとなることがわかります。

そして，その結果，次のようになれば，２つの干渉縞がピッタリ重なります。これが，スクリーン C 上で干渉縞の明暗がもっとも明瞭（めいりょう）になるときです。

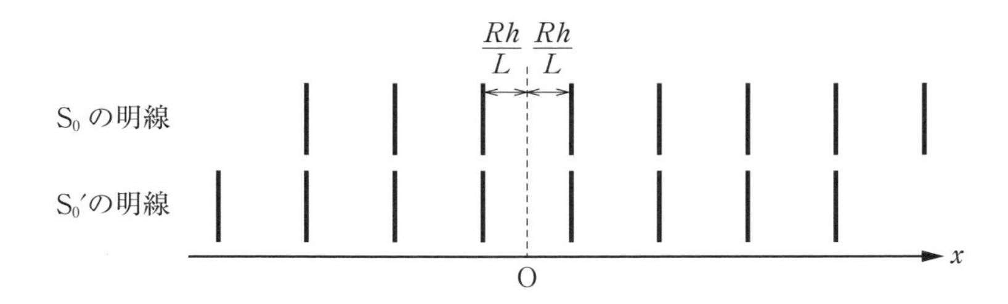

このようになるのは，次の条件が満たされるときであり，これを解くと答えの条件が求められます。

$$2\cdot\frac{Rh}{L}=\frac{R\lambda}{d}\times n \qquad \therefore\ h=n\frac{L\lambda}{2d} \quad \cdots\cdots \text{（答）}$$

ヤングの実験に手を加えると，さまざまな面白い干渉現象を見られることがわかる問題でしたね。公式の暗記だけでは解けない東大の良問は，物理的思考力を高めてくれる最高の教材です。

5.4 光を使わずに光速を求める

2012年（平成24年）の東大入試問題（5.2，p.161）では，物質が光の波長や伝わる速さに与える影響の度合いである「屈折率」の求め方を学びました。ここで，光の速さ（光速）は真空中ではおよそ3.0×10^8 m/s（空気中でもほぼ同じ値）であり，たった1秒で地球を7周半するほどの速さです。このような超高速を計測するのは容易ではありませんが，人類は昔から光速の測定に挑んできました。例えば，フランスの物理学者アルマン・フィゾー（1819-1896）は，歯車を用いた方法で8.6 kmほども離れた反射鏡まで光が往復する時間を測定して，光速を求めました（1.4「月までの距離を測る方法」，p.41）。これは地上で初めて光速を測定した実験だったのですが，その値は3.15×10^8 m/sほどと驚くほどの正確さでした。そして，現在ではより精密に光速を測定することができます。

さて，2000年（平成12年）の東大入試問題では，光自体を直接測定するのではなく，電気回路を用いて光速を求める方法が紹介されています。どうして，光を使わないのに光の速さがわかるのでしょうか？　設問に沿って考えていきましょう。まずは，導入文を確認します。導入文では，光速を測定するために使う装置が紹介されています。

Lead

図のように，水平面上の，距離aだけ離れて固定された平行な導体レールの上に，レールに垂直に，質量m，長さaの導体棒がのせてある。レールは抵抗と電池の＋，－端子につないであり，導体棒には矢印の方向に電流Iが流れている。導体棒には，バネ定数kの，絶縁体でできたバネが取り付けられ，バネの他端は固体されている。導体棒は，導体レールに平行な方向に，レールの上を摩擦なしに運動することができる。また，aよりも十分長い2本の平行導線Cが，レールと同じ水平面

上に距離 $2a$ だけ離れて固定されている。バネが自然長になったとき，導体棒は平行導線Cの真ん中にくるようになっている（平行導線Cはレールに垂直である）。スイッチによって，平行導線Cに電池と抵抗，またはコンデンサーを接続することができ，矢印の方向に電流が流れるようになっている。平行導線C以外の導線を流れる電流がつくる磁界の影響は無視できるものとしする。地磁気の影響，導体棒とレールの太さおよび抵抗は無視できるものとする。真空の誘電率を ε_0，真空の透磁率を μ_0 とする。

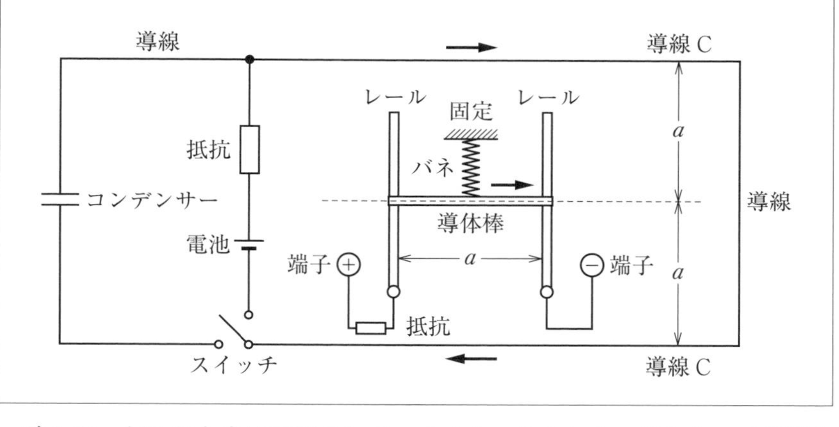

確かに，どこにも光は利用されていません。ここから，どうやって光速を求めるのでしょう？　設問Ⅰからみていきます。

Ⅰ

(1) 最初，平行導線Cはスイッチによって電池と抵抗に接続されていて，導体棒と同じ大きさの電流 I が流れている。このとき，導体棒は図の破線の位置から x だけずれて静止している。バネは自然長から伸びているか縮んでいるかを答えよ。また，I を与えられた量と x で表せ。x は a に比べて無視できるほど小さいとしてよい。

(2) スイッチを切って平行導線Cの電流を止めると，導体棒は振動を始めた。その周期 T を求めよ。

導線Cに電流を流すと，この電流は導体棒の位置に次のような向きの磁界（磁束密度 B）を作ります。そして，導体棒に流れる電流 I はこの磁界から大きさ IBa の力を受けます。その向きはバネが縮む向きであるため（フレミングの左手の法則），**（答）バネは縮む**ことになります。

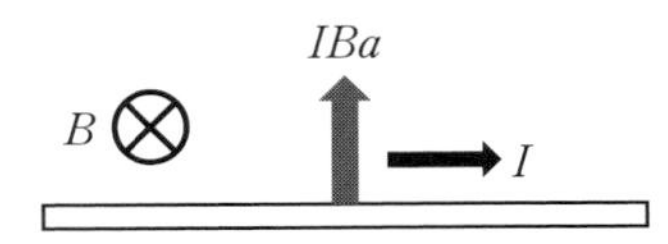

電流 I が磁界から受ける力とバネの力とのつり合いの式は，

$$IBa=kx$$

この式へ導線Cが作る磁界の磁束密度 B が，

$$B=\frac{\mu_0 I}{2\pi}\left(\frac{1}{a-x}+\frac{1}{a+x}\right)\fallingdotseq\frac{\mu_0 I}{\pi a}\quad(\because\ x\ll a)$$

Note

ここでは，直線電流が作る磁界 $H=\dfrac{I}{2\pi r}$（r：直線電流からの距離），磁束密度 $B=\mu H$ の公式を使っています。

であることを代入して整理すると，電流 I が次のように求められます。

$$I\left(\frac{\mu_0 I}{\pi a}\right)a=kx\qquad\therefore\ I=\sqrt{\frac{\pi kx}{\mu_0}}\quad\cdots\cdots\ \textbf{（答）}$$

そして，この状態から導線Cの電流を0（ゼロ）にすると，導体棒はバネの力だけを受けるようになり，単振動を始めます。はたらく力がバネ定数 k のバネの力だけであることから，単振動の周期 T は次のようになります。

$$T=2\pi\sqrt{\frac{m}{k}}\quad\cdots\cdots\ \textbf{（答）}$$

このようにして求めた各値が光速を求めるのに役立つことになるのです

が，そのことは後ほど登場します。とりあえず，次の設問Ⅱへ進みましょう。

Ⅱ　設問Ⅰ(2)の導体棒を静止させた後，以下の実験を行った。

(1)　図のコンデンサーは，極板の面積 S，極板間の距離 d の平行板で，電荷 Q が蓄えられている。Q を一定にしたまま，極板に力 F を加えてゆっくりと微小距離 Δd だけ引き離すために仕事 $F\Delta d$ を必要とした。Q を与えられた量と F で表せ。

ここでは，エネルギーの関係を考えてみましょう。極板間の距離が変わるとコンデンサーに蓄えられる静電エネルギーが変化しますが，**その変化量はコンデンサーがされた仕事と等しい**はずです。そのことを式にすると次のように書けるので，これを解いて電荷 Q が求められます。

$$\frac{Q^2}{2\varepsilon_0\dfrac{S}{d+\Delta d}}-\frac{Q^2}{2\varepsilon_0\dfrac{S}{d}}=F\Delta d \qquad \therefore\ Q=\sqrt{2\varepsilon_0 SF}$$

Note

ここでは，静電エネルギーの公式 $U=\frac{1}{2}QV=\frac{1}{2}CV^2=\frac{Q^2}{2C}$，コンデンサーの静電容量の公式 $C=\varepsilon_0\frac{S}{d}$ を使っています。

続く設問Ⅱ(2)では，この電荷 Q を放電して電流とし，それによって導体棒が受ける影響（力積）を考えます。

(2)　スイッチをコンデンサー側に入れ，コンデンサーに蓄えられた Q を平行導線Cに流すと，微小時間 Δt ですべて放電した。導体棒が受け取った力積 Δp を求めよ。I，Q をそのまま残す形で表せ。時間 Δt の間に流れる電流は，その間一定であるとして計算せよ。

まずは，コンデンサーの放電によって導線Ｃに流れる電流の大きさを確認します。電流とは「**単位時間当たりに流れる電気量**（電荷）」のことなので，導線Ｃに流れる電流 i は，

$$i=\frac{Q}{\Delta t}$$

これが導体棒の位置に作る磁界の磁束密度 B は，設問Ⅰ(1)と同様に，

$$B=\frac{\mu_0\dfrac{Q}{\Delta t}}{\pi a}$$

これを使って，導体棒が受ける力 F は，

$$F=IBa=\frac{\mu_0 I\dfrac{Q}{\Delta t}}{\pi}$$

以上のことから，導体棒が受ける力積 Δp は次のように求められます。

$$\Delta p=F\Delta t=\frac{\mu_0 I\dfrac{Q}{\Delta t}}{\pi}\times\Delta t=\frac{\mu_0 IQ}{\pi}\quad\cdots\cdots\ \text{(答)}$$

静止していた導体棒は，このような力積 Δp を受けて速度を得ます。そのため単振動を始めるのです。それについて考えるのが，次の設問Ⅱ(3)です。

(3)　電荷 Q の放電後，静止していた導体棒は振動を始めた。その振幅 A を Δp を用いて表せ。

導体棒が得た速度 Δv は，力積と運動量の変化の関係から，

$$m\Delta v=\Delta p\qquad\therefore\ \Delta v=\frac{\Delta p}{m}$$

これを使うと，単振動のエネルギー保存則の式が次のように書け，これを解いて振幅 A が求められます。

$$\frac{1}{2}m\left(\frac{\Delta p}{m}\right)^2=\frac{1}{2}kA^2 \qquad \therefore\ A=\frac{\Delta p}{\sqrt{km}}$$ ……（答）

設問Ⅰ，Ⅱと解いてきましたが，ここまで求めたことが光速を求めるための準備になります。設問Ⅰ，Ⅱの結果をもとに光速をどうやって求められるのか考察するのが，最後の設問Ⅲです。

> Ⅲ　この装置を用いた実験で，電流や電荷などの電気的な量を直接測定せず，真空中の光速度 c の値を決めることができる。設問Ⅱ(3)で求めた A の中の Δp に含まれる I，Q を，それぞれ設問Ⅰ(1)，設問Ⅱ(1)の結果を用いて消去し，
>
> $$c=\frac{f}{A}$$
>
> の形に表したとき，係数 f は I，Q，ε_0，μ_0 を含まない。f を力学的に測定した F，x を用いて表せ。ただし，c は ε_0，μ_0 を用いて，
>
> $$c=\frac{1}{\sqrt{\varepsilon_0\mu_0}}$$
>
> と表せることが知られている。

ここまででわかったことを整理すると，

- **設問Ⅰ(1)**：導線Cおよび導体棒に流れる電流 $I=\sqrt{\dfrac{\pi kx}{\mu_0}}$

  → バネの縮み x を測定すれば，導線Cおよび導体棒に流れる電流 I がわかる。

- **設問Ⅱ(1)**：コンデンサーの電荷 $Q=\sqrt{2\varepsilon_0 SF}$

  → 極板間にはたらく力 F を測定すれば，コンデンサーの電荷 Q がわかる。

- **設問Ⅱ(3)**：導体棒の受けた力積 $\Delta p=A\sqrt{km}$　$\left(A=\dfrac{\Delta p}{\sqrt{km}}\text{より}\right)$

→　単振動の振幅 A を測定すれば，導体棒の受けた力積 Δp がわかる。

そして，これらの関係を設問Ⅱ(2)で求めた $\Delta p=\dfrac{\mu_0 IQ}{\pi}$ に代入して整理すると，

$$A\sqrt{km}=\frac{\mu_0}{\pi}\times\sqrt{\frac{\pi kx}{\mu_0}}\times\sqrt{2\varepsilon_0 SF}$$

$$\therefore\ \frac{1}{\sqrt{\varepsilon_0\mu_0}}=\frac{1}{A}\sqrt{\frac{2SFx}{\pi m}}$$

これより，設問Ⅲの問題文に与えられた式 $c=\dfrac{f}{A}=\dfrac{1}{\sqrt{\varepsilon_0\mu_0}}$ における係数 f が求められるのです。

$$f=\sqrt{\frac{2SFx}{\pi m}}\quad\cdots\cdots\ \textbf{(答)}$$

このように，直接的に「導線Ｃおよび導体棒に流れる電流 I」や「コンデンサーの電荷 Q」を測定しなくても，「バネの縮み x」「極板間にはたらく力 F」「単振動の振幅 A」を測定することで $\dfrac{1}{\sqrt{\varepsilon_0\mu_0}}$ の値，すなわち光速 c を求められることがわかりました。

この問題に，光それ自体は全く登場しません。電子回路を使った計測だけを考えたわけですが，それを通して光の速さを求められてしまうというのは，とても面白いですね。

第6章

ミクロな世界を解き明かす

6.1 粒子が波動の性質を持つ証拠

ここまで，「ヤングの実験」がたびたび登場しました。19 世紀初頭に行われたヤングの実験は，光が波動であることの決定的な証拠となりました。そして，さらに物理学が発展した 20 世紀には，光だけでなく原子や電子など目に見えない小さな粒子も，波動の性質を持つことが明らかになりました。「粒（つぶ）なのに波？」と奇妙に思われるかもしれません。実はこれらの粒子は，光と同様に干渉縞（かんしょうじま）をつくることが実験で確かめられたのです。波の性質を持たなければ，干渉縞をつくることはあり得ません。つまり，原子や電子が干渉縞をつくることは，それらの粒子が波の性質を持つことの明確な証拠なのです。

2005 年（平成 17 年）の東大入試問題では，原子がつくる干渉縞について考察しています。そのような現象を実現するには，高度な実験技術が必要となるようです。まずは，導入文でその技術を確認しましょう。

Lead

レーザー光が原子に与える作用を用いることにより，原子気体を冷却し，なおかつ空間のある領域に保つことができる。そのような冷却原子気体を用いて，原子の波動性を検証する次のような実験を行った。

図１のように，鉛直上向きを z 軸とする直交座標系を設定する。レーザー光によって冷却原子気体を点 $(x,\ y,\ z)=(0,\ 0,\ L+l)$ のまわりに保つ。この点から L だけ鉛直下方に，y 軸に平行な間隔 d，長さ a の二重スリットを水平に置く。さらに l だけ鉛直下方に，原子が当たると蛍光（けいこう）を発するスクリーンを水平（xy 平面上）に置く。これらはすべて真空中にある。冷却原子気体の空間的広がり，二重スリットの間隔 d，および長さ a は，L，l に比べて十分小さいとする。スクリーン上の蛍光の様子は，ビデオカメラによって撮影する。

時刻 $t=0$ にレーザー光を切ると，個々の原子はその瞬間に持っていた速度を初速度とし，重力のみを受けた運動を始める。一部の原子は二重スリットを通過し，スクリーンに到着する。時刻 $t=0$ 以降，原子どうしの衝突はないものとする。二重スリットを通過した原子のうち，z 軸方向の初速度が 0（ゼロ）であったものがスクリーンに到着する時刻を t_0 とする。単位時間当たりにスクリーンに到着した原子数の時間変化は図 2 のようであった。原子の質量を m，プランク定数を h，重力加速度を g とする。

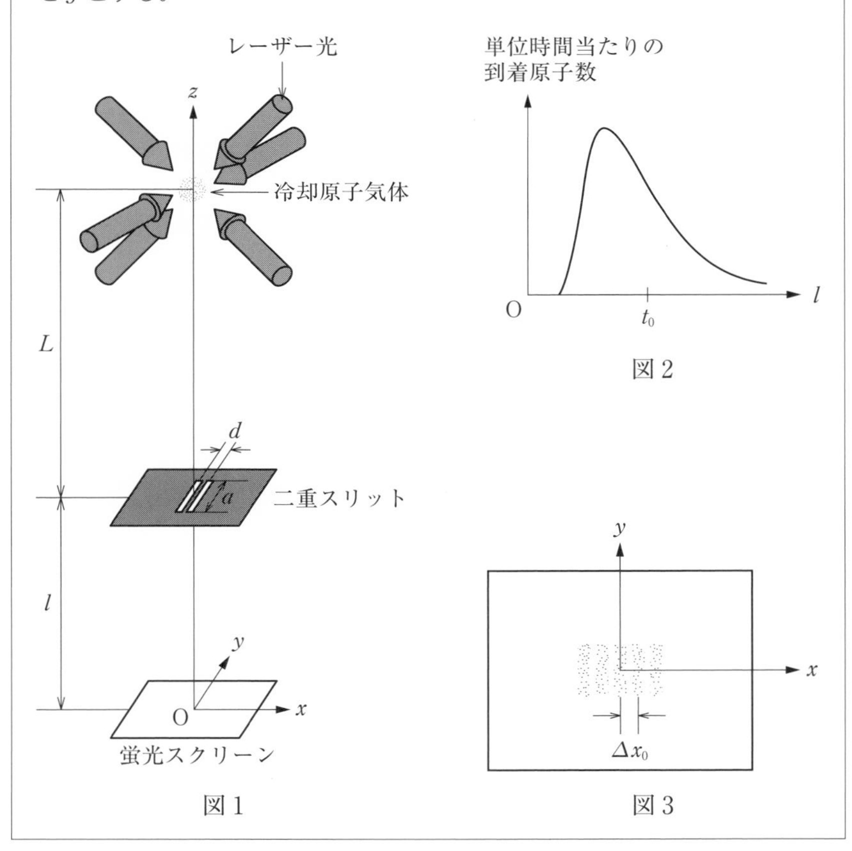

図 1　図 2　図 3

この実験に登場するのは，レーザー光を使って原子の集団を冷却しながら一定領域に閉じ込めるという技術です。「そんなことができるのか？」と思われるかもしれませんが，それほどまでにレーザー光を利用する技術は進歩しているのですね。

Note

レーザー光を使ってミクロの世界を操る技術は，2018 年のノーベル物理学賞の対象にもなりました。レーザー光を使って，微粒子や細菌をとらえて自由自在に動かせる「**光ピンセット**」という技術です。

レーザー光は，単一の波長で位相がそろった光のことです。指向性（直進性）が高く，広がらずに直進する特徴があります。

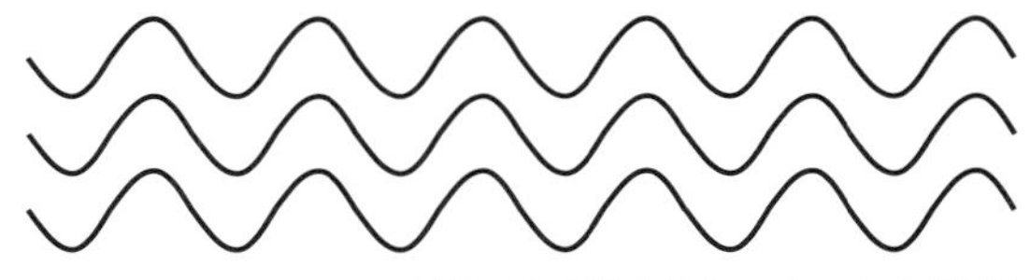

波形の山と谷がそろっていて，同位相

さて，レーザー光で一定領域に閉じ込められた原子は，レーザー光がなくなると重力に従って運動を始めます。そして，その中には二重スリットを通過するものもあるわけです。スリットを通過できるのは，レーザー光が切られた瞬間に x 軸方向および y 軸方向の速度成分を持っていなかった原子です。もしも x 軸方向や y 軸方向の速度があれば，二重スリットの高さへ到達するまでにその方向へも移動してしまうため，スリットを通過できないのです。このことを頭に置いて，設問Ⅰをみていきましょう。

Ⅰ　l は L に比べて十分小さく，二重スリットを通過した後の原子の加速は無視できるものとする。

(1)　二重スリットを通過した原子のうち，z 軸方向の初速度が 0 であったものがスリット通過直後に持っていた速さ v，およびド・ブロイ波長 λ を求めよ。

まずは，二重スリットを通過した原子の中で，z 軸方向の初速度が 0 のものについて考えます。この原子は，x 軸方向や y 軸方向の速度成分も 0 であるわけですから，どの方向にも初速度を持たないことがわかります。つまり，時刻 $t=0$ には運動エネルギーが 0 なのです。よって，この原子が二重スリットの高さに達したときの速さ v は，力学的エネルギー保存則から，次のように求められます。

$$\frac{1}{2}mv^2=mgL \qquad \therefore\ v=\sqrt{2gL} \quad \cdots\cdots \text{(答)}$$

また，**これを粒子と考えたときの波長（ド・ブロイ波長）**λ は，次のようになります。

$$\lambda=\frac{h}{mv}=\frac{h}{m\sqrt{2gL}} \quad \cdots\cdots \text{(答)}$$

原子がこのように波動の性質を持つことは，原子の集団が一気に二重スリットを通過するときに，スクリーン上に干渉縞がつくられることから明らかです。そのことについて考えるのが，次の設問(2)です。

(2) 時刻 $t=t_0$ にビデオカメラによって撮影された画像には，図 3 （p.185）のような干渉縞が写っていた。この干渉縞の間隔 Δx_0 を求めよ。ただし，Δx_0 は d より十分大きく，l より十分小さいとする。必要ならば，θ が 1 より十分小さいときに成り立つ近似式 $\sin\theta \fallingdotseq \tan\theta \fallingdotseq \theta$ を用いよ。

各スリットからスクリーン上の座標 x までの距離は，それぞれ，

$$\sqrt{l^2+\left(x-\frac{d}{2}\right)^2} \fallingdotseq l\left\{1+\frac{1}{2l^2}\left(x-\frac{d}{2}\right)^2\right\}$$

$$\sqrt{l^2+\left(x+\frac{d}{2}\right)^2} \fallingdotseq l\left\{1+\frac{1}{2l^2}\left(x+\frac{d}{2}\right)^2\right\}$$

と表されます（p.169参照）。よって，距離の差 ΔL は次のように表されます。

$$\Delta L \fallingdotseq \frac{dx}{l}$$

これが波長の整数倍，すなわち $\Delta L = n\lambda$（n は整数）の式を満たす位置が明線となるので，明線の座標 x は次のようになり，その間隔 Δx が求められます。

$$x = \frac{nl\lambda}{d} \qquad \therefore\ \Delta x = \frac{l\lambda}{d}$$

この Δx へ設問(1)で求めた波長 λ の値を代入すると，干渉縞の間隔 Δx_0 が求められます。

$$\Delta x_0 = \frac{l\lambda}{d} = \frac{l}{d} \cdot \frac{h}{m\sqrt{2gL}} = \frac{hl}{md\sqrt{2gL}} \quad \cdots\cdots \textbf{（答）}$$

(3)　時刻 $t = t_0$ の前後にビデオカメラによって撮影された画像にも，図3（p.185）と同様な干渉縞が写っていた。時刻 t に観測された干渉縞の間隔 Δx を縦軸，時刻 t を横軸として，Δx と t の関係を表すグラフの概形を描け。ただし，図2（p.185）のように時刻 $t = t_0$ の位置を横軸に明示すること。

設問(2)で求めた Δx_0 は，z 軸方向の初速度が0の原子がつくる干渉縞の間隔です。これは，時刻 $t = t_0$ にスクリーンに現れます。そして，干渉縞をつくるのは，z 軸方向の初速度が0の原子だけではありません。x 軸方向および y 軸方向の速度成分が0でありさえすれば，すべて二重スリットを通過してスクリーンに干渉縞をつくります。それらは，z 軸方向の初速度によってスクリーンに到着する時刻がずれます。そのため図2のように，時間の幅を持ちながらスクリーンに原子が現れるのです。

さて，干渉縞の間隔 Δx は，設問(2)で次のように求められました。

$$\Delta x=\frac{l\lambda}{d}$$

d と l は一定ですから，Δx は原子の波長 λ に比例して変化することがわかります。波長 λ は，$\lambda=\dfrac{h}{mv}$ の式からわかるように，原子の速さ v によって変化します。スクリーンに到着する瞬間の速さ v が最小になるのは，原子の z 軸方向の初速度が 0 の場合です。z 軸方向の初速度が 0 でない場合，スクリーンに到着したときの速さはより大きくなります。

以上のことから，スクリーンに到着した瞬間の波長 λ が最大になるときに，干渉縞の間隔 Δx は最大（Δx_0）となり，それが現れるのは時刻 $t=t_0$ であることがわかります。

時刻 $t=t_0$ からずれるほど，干渉縞の間隔 Δx は小さくなります。そして，$t\to 0$ の極限では $\Delta x_0\to 0$ となります。$t\fallingdotseq 0$ にスクリーンに到着するのは z 軸方向の初速度（およびその後の速度）が極限まで大きい場合で，そのときには波長 $\lambda\to 0$ であり，干渉縞の間隔 $\Delta x\to 0$ となるからです。これらのことから，次のようなグラフを描くことができます。

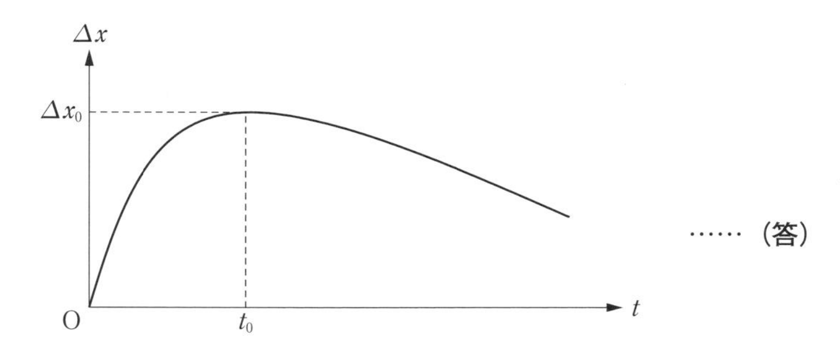

……（答）

それでは，最後の設問Ⅱへ進みましょう。ここまでの考察をもとに考えていきます。

Ⅱ　L を固定し，l を変化させて実験を繰り返した。ただし，l の大きさは L と同程度で，二重スリットを通過した後の原子の加速は無視できないものとする。z 軸方向の速度が 0 であった原子がスクリーンに到着する時刻に観測される干渉縞の間隔を Δx_1 とする。Δx_1 と l の関係を最も適切に表しているグラフを次の（ア）～（カ）の中から１つ選び，その理由を答えよ。

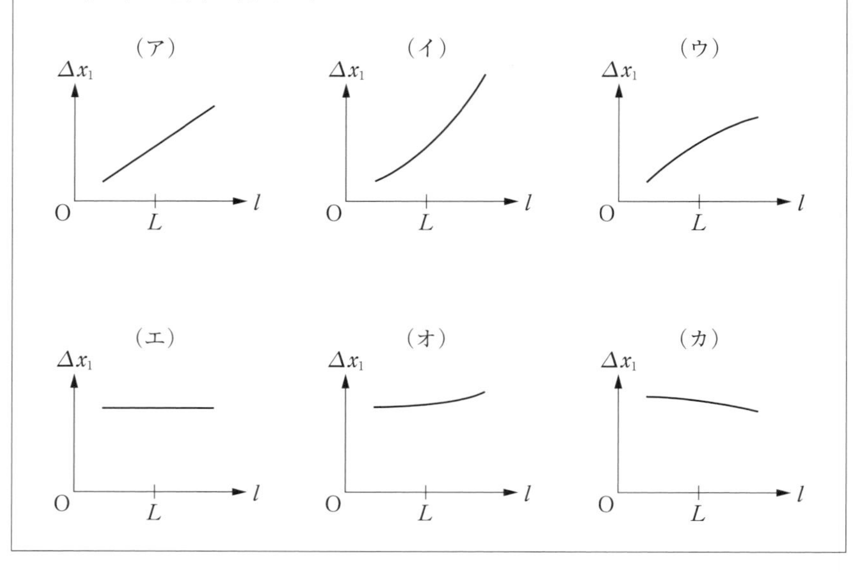

まずは，l が小さいときを考えてみます。この場合，スリットを通過した原子はあっという間にスクリーンに到着します。そのため，スクリーンに到着する瞬間の速さ v はほぼ一定に保たれ，波長 $\lambda=\dfrac{h}{mv}$ もほぼ一定に保たれます。そして，干渉縞の間隔 $\Delta x=\dfrac{l\lambda}{d}$ は **l に比例しながら変化する**と考えられます。

しかし，l が大きくなると状況は変わります。スリットを通過した後の原子の加速を無視できなくなるからです。l の変化による波長 λ の変化は，ざっくりと次のように考えられます。すなわち，設問(1)で求めた波長 $\lambda=\dfrac{h}{m\sqrt{2gL}}$ において，L が変化すると λ も変化します。このとき，L が 2

倍になるとλは$\frac{1}{\sqrt{2}}$倍になるというような関係が成り立ちます。このようなことが，lの場合も当てはまると考えられます。

以上のようにλが変化します。そして，Δxはそれに比例しながら変化するのです。

まとめると，**Δxがlの平方根に反比例しながら変化する**ということです。このことに加え，この場合も**Δxがlに比例しながら変化する**ことも考慮する必要があります。lが大きくなったときには，この2つの効果を加味する必要があるのです。「比例する」ことと「平方根に反比例する」ことが同時に起こると，「平方根に比例する」ことになります。

Note

例えば，$2\times\frac{1}{\sqrt{2}}=\sqrt{2}$のように理解できます。

このように，lが大きくなったときのΔxの変化の仕方は，lが小さい場合に比べて緩やかになることがわかると思います。したがって，次のような関係が成り立つことがわかるのです（**(答)（ウ）**）。

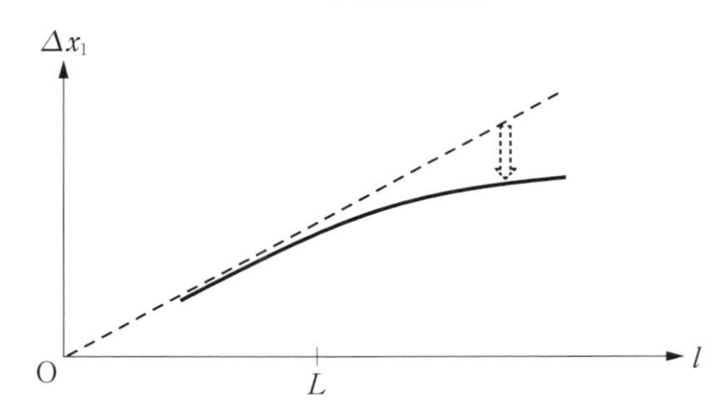

6.2 磁界レンズ

5.1（スリットの集合をレンズにする方法，p.150）では，多数のスリットを利用してレンズをつくる方法を紹介しました。紙にたくさんの切れ込み（スリット）を入れるだけで，光を一点に集めることができるのでしたね。ここでは，ちょっと変わった「**磁界レンズ**」について考察します。これは，（光ではなく）運動する荷電粒子を一点に集めるレンズで，そのために利用するものは文字通り「磁界」です。

現在の技術では，超ミクロなものを見ることができます。物質を構成する原子など，肉眼はもちろん光学顕微鏡でも見ることができないものを，電子顕微鏡を使って見ることができるのです。そして電子顕微鏡は，負（マイナス）の電荷を持った電子の流れ（電子線）を磁界レンズで曲げる仕組みになっています。**電子顕微鏡でミクロなものを見られるのは，波としての電子の波長が可視光よりずっと小さいからです。**

Note

ミクロな粒子が持つ波動の性質については，6.1（p.184）でも登場しました。なお，可視光の波長は380〜780 nm ほどですが，電子波の波長はその1,000分の1以下です。

2013年（平成25年）の東大入試問題では，電子顕微鏡などで活用されている磁界レンズの仕組みを考察しています。さっそく，導入文と設問Ｉ(1)をみていきましょう。

Lead

電荷を持った粒子の運動を磁界により制御することを考える。重力の効果は無視できるものとする。ただし，角度の単位はすべてラジアンとする。また，θ を微小な角度とするとき，$\cos\theta \fallingdotseq 1$，$\sin\theta \fallingdotseq \theta$，$\tan\theta \fallingdotseq \theta$ と近似してよい。

Ⅰ　図1のように，$|x| \leqq \frac{d}{2}$ の領域 A_1 にのみ，磁束密度が y 座標にゆるやかに依存する磁界が z 軸方向（紙面に垂直，手前向きを正）にかけられている。質量 m，正の電荷 q を持つ粒子 P を，x 軸正方向に速さ v で領域 A_1 に入射する。

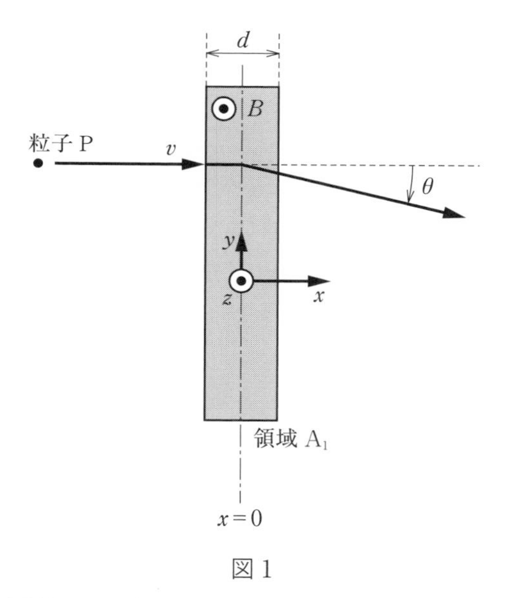

図1

(1)　領域 A_1 を通過した結果，粒子 P の運動方向が微小な角度だけ曲がり，その x 軸からの角度が θ となった。領域 A_1 内を通過する間，粒子の y 座標の変化は小さく，粒子にはたらく磁束密度 B はその間一定としてよいとする。このときの θ を求めよ。以後，角度の向きは図1の矢印の向きを正とする。

図1を見ると，磁界へ突入した荷電粒子 P の進行方向が変わるのがわかります。これは，運動する荷電粒子は磁界から進行方向に垂直な向きに力（**ローレンツ力**といいます）を受けるからです（**フレミングの左手の法則**）。ローレンツ力を受ける荷電粒子 P がどのくらい曲げられるのか，設問に従っ

て具体的に考えていきましょう。

速さ v で運動する正電荷 q は，磁束密度 B の磁界から大きさ qvB のローレンツ力を受けます。そして，もし磁界が十分に広ければ，正電荷 q はローレンツ力によって**等速円運動**をすることになります。これは，進行方向と垂直な向きにはたらく一定の大きさの力が，向心力になるからです。

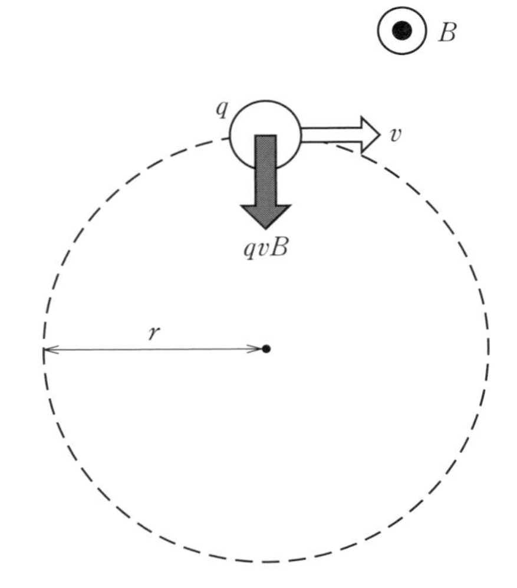

このとき，等速円運動の運動方程式は次のように書けます。

$$m\frac{v^2}{r}=qvB \quad (r\text{：円運動の半径})$$

これより，円軌道の半径が $r=\dfrac{mv}{qB}$ と求められます。

ただし，この問題では磁界が狭いため，円運動は途中で終わってしまいます。結局，粒子Pは，磁界中で半径 r の円軌道（の一部）を描いて運動することになるのです。

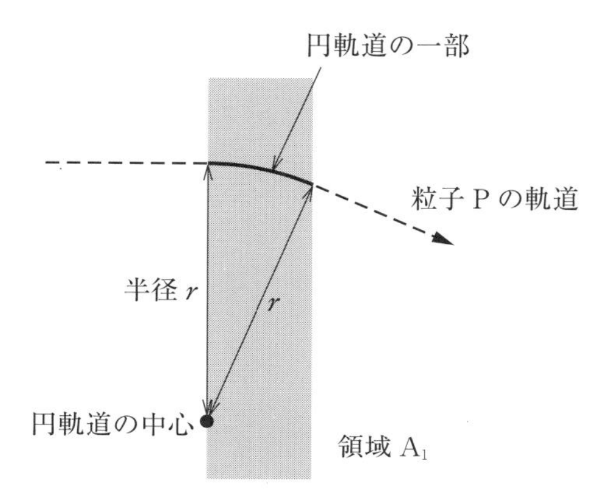

ここで，粒子Pの進行方向は円軌道の半径に垂直です。そのため，次のような角度の関係がわかり，$\sin\theta=\dfrac{d}{r}$ であることがわかります。

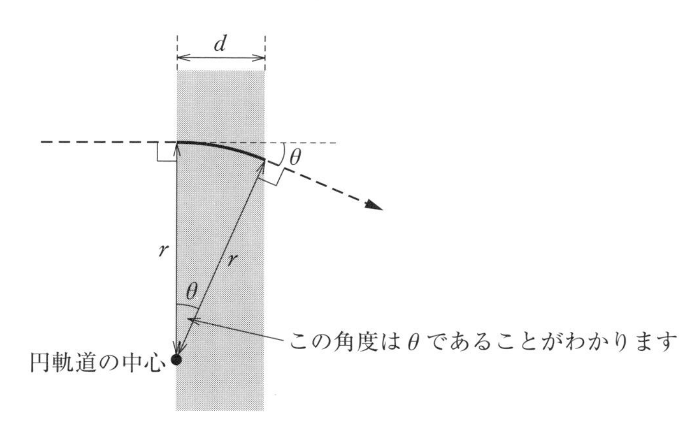

そして，進行方向の変化 θ が微小であることから，導入文にあるとおり，次のように近似できます。

$$\theta \fallingdotseq \sin\theta=\frac{d}{r}=\frac{qBd}{mv}$$ …… **(答)**

このように，磁界がレンズのような働きをすることで，粒子Pを曲げて x 軸上の一点に集めることができるようになるわけです。しかし，本当にそんなことができるのでしょうか？　続く設問Ⅰ(2)で検討していきましょう。

(2)　領域 A_1 内の磁束密度が y 座標に比例し，正の定数 b を用いて $B=by$ と表されるとき，粒子 P は入射角の y 座標によらず x 軸上の同じ点（x，y）＝（f，0）を通過する。このとき f を求めよ。ただし，d は f に比べ無視できるほど小さいとする。また，領域 A_1 内を通過する間，粒子の y 座標の変化は小さく，粒子にはたらく磁束密度 B はその間一定としてよいとする。

この問題文から，次のような関係がわかります。

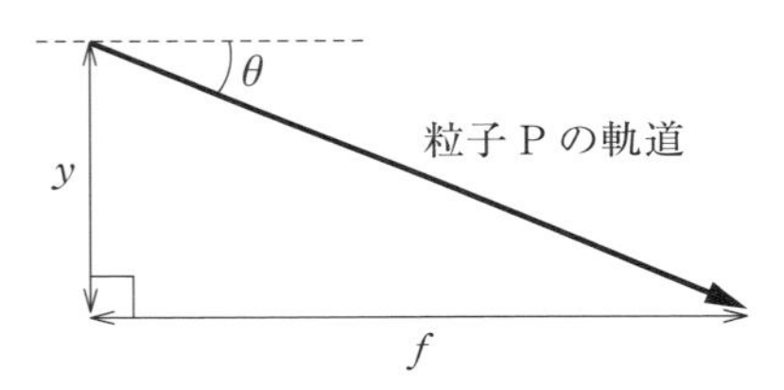

そして，角度 θ で曲げられた粒子 P がたどり着く x 座標 f は，次のように求められます。

$$f=\frac{y}{\tan\theta}$$

さらに，θ が微小であることから，導入文にあるように $\tan\theta \fallingdotseq \theta$ と近似できることを使うと，

$$f=\frac{y}{\tan\theta}\fallingdotseq\frac{y}{\theta}=\frac{mvy}{qBd}$$

この式に $B=by$ を代入すると，x 座標 f が次のように求められます。

$$f=\frac{mvy}{q(by)d}=\frac{mv}{qbd}\quad\cdots\cdots\ \text{（答）}$$

さて，ここで着目したいのは，**f の値は y によらず一定**だということです。つまり，y 座標上のどの位置に入射した荷電粒子も，すべてこの一点に集まることがわかるのです。このようなことが可能になるのは，磁界 B の大きさ

を y 座標に比例するようにしている（$B=by$）からです。そのような磁界を作ることで，バラバラだった荷電粒子を x 軸上の一点に集められるのですね。そして，そのような磁界は，次の設問Ⅰ(3)のような電磁石を利用することで実現可能だとされています。

(3) 図 2(a)のように配置された電磁石の組の破線で囲まれた範囲（拡大図と座標を図 2(b)に示す）を考える。鉄芯（てっしん）を適切な形に製作すると，$z=0$ の平面内で設問Ⅰ(2)のような磁界が実現できる。このとき，2つの電磁石に流す電流 I_1，I_2 の向きはどうするべきか。それぞれの符号を答えよ。ただし，図中の矢印の向きを正とする。

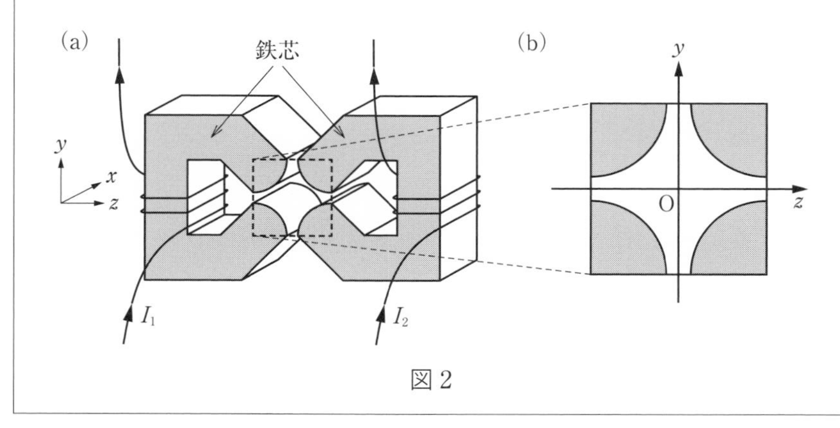

図 2

図において $I_1>0$，$I_2<0$，すなわち**（答）電流 I_1 を正，I_2 を負**の向きとすると，次のような向きの磁界が作られます。

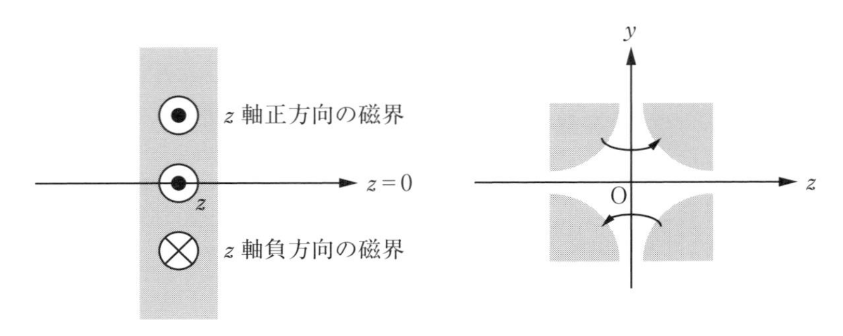

これが，磁界レンズの仕組みです。このような工夫をした磁界を準備するだけで，荷電粒子を集めるレンズを作れるのですね。ただし，荷電粒子の質量 m，電荷 q，速さ v の３つの値がそろっていなければ，一点には集まらないことも設問Ⅰ(2)で求めた式からわかります。例えば，電子顕微鏡では電子だけを一点に集めますので，質量 m と電荷 q はそろっています。その場合，電子を同じエネルギーで加速すれば速さ v もそろえられ，一点に集められるのだと理解できます。

それでは，異なる粒子を一点に集めるようなことはできないのでしょうか？　実は，工夫した磁界を作ることでそのようなことも可能となります。続く設問Ⅱでは，質量が異なる２種類の荷電粒子を一点に集められる工夫が紹介されています。

Ⅱ　次に，設問Ⅰ(2)の領域 A_1 に加えて，図３のように，$x=\dfrac{3}{2}f$ を中心とし幅 d の範囲に，z 軸方向に磁束密度 kby（k は定数）の磁界がかかっている領域 A_2 を考える。ここで，領域 A_1 と A_2 を両方通過した後の粒子の運動方向の変化は，それぞれの領域で設問Ⅰ(1)のように求めた曲げ角の和として計算できるものとし，また d は f に比べて無視できるほど小さいとしてよいとする。粒子Ｐと，同じ電荷 q を持つ別の粒子Ｑとが，x 軸正方向に速さ v をもって $y=y_0$ で領域 A_1 に別個に入射したところ，粒子 P の運動方向が微小な角度 θ_0，粒子 Q の運動方向が角度 $\frac{\theta_0}{2}$ だけ曲げられて，それぞれ領域 A_2 に入射した。

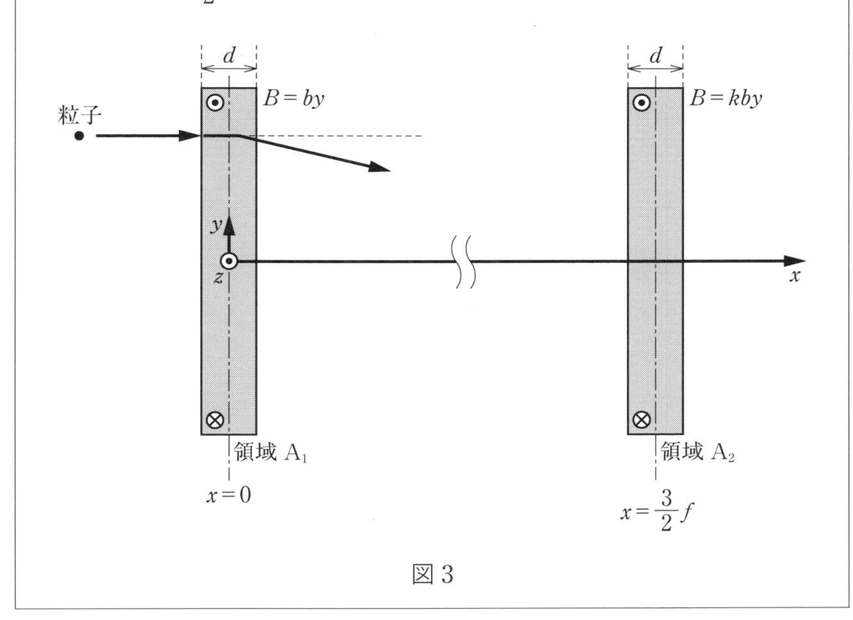

図 3

先ほどのように磁界領域が 1 つだけでは，質量が異なる荷電粒子を一点に集めることは不可能なようです。そこで，磁界領域を 2 つ設けているのです。それによってどのような磁界レンズができるのか，設問に従って考えていきましょう。まずは設問Ⅱ(1)です。

(1) 粒子 Q の質量を求めよ。

設問Ⅰ(1)で求めた進行方向の変化 $\theta = \dfrac{qBd}{mv}$ へ $B = by$ を代入すると，次のようになります。

$$\theta = \frac{qbdy}{mv}$$

この式から，荷電粒子の進行方向の変化 θ は荷電粒子の質量 m に反比例することがわかります。すなわち，粒子Ｑの進行方向の変化が粒子Ｐの $\frac{1}{2}$ であったということは，Ｑの質量がＰの２倍の**（答）$2m$** であったことを示しているのです。

以上のことから，粒子ＰとＱの進行方向は次のようになります。

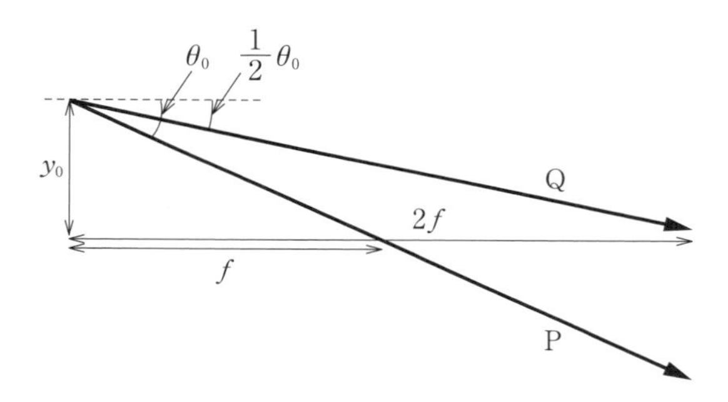

Note

θ_0 が微小であることから，$\tan\theta_0 \fallingdotseq \theta_0$ と近似できます。

ここから，続く設問Ⅱ(2)の答えが求められます。

> (2)　粒子Ｐ，粒子Ｑが領域 A_2 に入る際の y 座標は，それぞれ y_0 の何倍となるか。

粒子Ｐと粒子Ｑは領域 A_2 へ入るまで直進します。

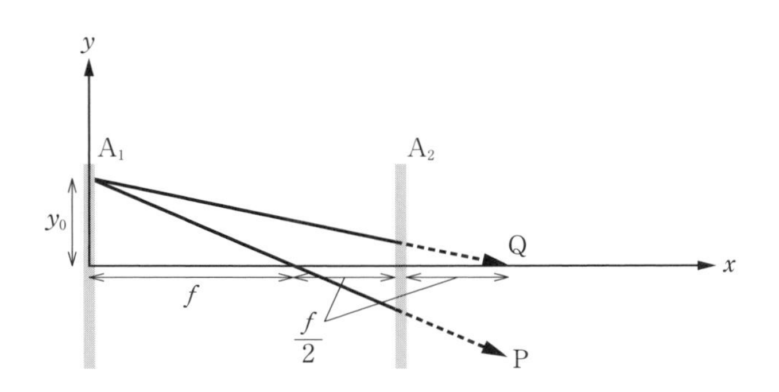

Note

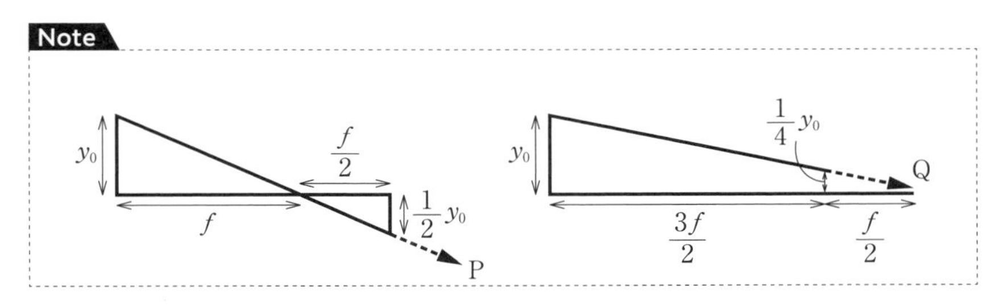

上の図から，粒子 P と粒子 Q が領域 A_2 へ入る際の y 座標が次のように求められます。したがって，答えはそれぞれ **（答）$-\frac{1}{2}$ 倍，$\frac{1}{4}$ 倍**です。

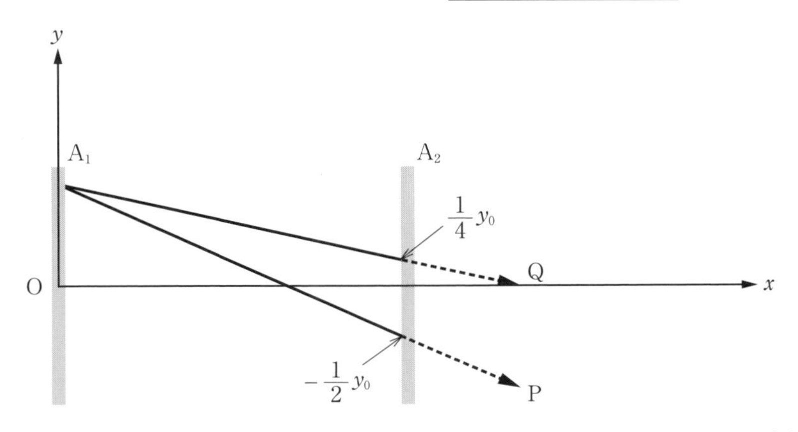

さて，このままでは両者が一点で交わることはありません。そこで，領域 A_2 の磁界が必要となるわけです。A_2 の磁界をどのように調整すれば，ちょうど x 軸上で集合させられるのでしょう？　それを考えるのが，次の設問 II

(3), (4)です。

> (3) 粒子P，粒子Qが領域 A_2 を通過した後の運動方向の x 軸からの角度を，それぞれ k と θ_0 を用いて表せ。
>
> (4) k の値を調整すると，粒子Pと粒子Qが $x>\dfrac{3}{2}f$ で x 軸上の同じ点を通過するようにできる。このときの k の値を求めよ。

設問Ⅱ(2)で荷電粒子PとQが領域 A_2 を通過するときの y 座標がわかりましたので，それぞれの磁界の磁束密度もわかります。

Pの進入領域の磁束密度　$kb\left(-\dfrac{y_0}{2}\right)$

Qの進入領域の磁束密度　$kb\left(\dfrac{y_0}{4}\right)$

これらの値を $\theta=\dfrac{qBd}{mv}$ へ代入すると，それぞれの進行方向の変化は，

$$\text{P}：\frac{qkb\left(-\dfrac{y_0}{2}\right)d}{mv}=-\frac{k}{2}\cdot\frac{qbdy_0}{mv}=-\frac{k}{2}\theta_0$$

$$\text{Q}：\frac{qkb\left(\dfrac{y_0}{4}\right)d}{2mv}=\frac{k}{8}\cdot\frac{qbdy_0}{mv}=\frac{k}{8}\theta_0$$

よって，合計するとそれぞれの進行方向は，次のように求められます。

$$\text{P}：\theta_0-\frac{k}{2}\theta_0=\left(1-\frac{k}{2}\right)\theta_0$$ ……（答）

$$\text{Q}：\frac{1}{2}\theta_0+\frac{k}{8}\theta_0=\left(\frac{1}{2}+\frac{k}{8}\right)\theta_0$$ ……（答）

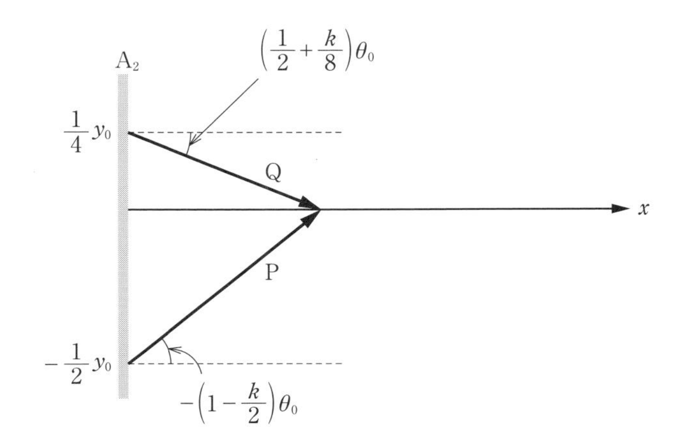

そして，これが x 軸上で集合するには，上の図の関係から，

$$-\left(1-\frac{k}{2}\right)\theta_0 : \left(\frac{1}{2}+\frac{k}{8}\right)\theta_0 = 2 : 1$$

であればよいことがわかり，これを解いて k の値が求められます。

$k=8$　……（答）

このような磁界レンズを追加すれば，質量の異なる荷電粒子でも一点に集められるようになることがわかりました。荷電粒子であるイオンには，いろいろな種類があります。当然，質量が異なります。しかし，電荷さえ等しければ，このような工夫で一点に集められるようになるのですね。

磁界レンズを使うと，イオンのビームを発射することもできます。これは，電子回路の故障診断や修正などにも役立てられています。

6.3 異なる粒子の検出①

ここでは，6.2（磁界レンズ，p.192）に続いて，磁界中で荷電粒子がどのように運動するのかを考察した1999年（平成11年）の東大入試問題を取り上げます。

さて，荷電粒子の運動方向を変化させる磁界は，磁界レンズとしてのみ活用されているわけではありません。この問題では，「**異なる粒子の検出**」への利用が紹介されています。ここで，「粒子」と表現しているものは，私たちの目には決して見えない非常に小さな粒(つぶ)です。登場するのは「陽子」および「重水素の原子核」で，これらのスケールは 10^{-15} m（1,000兆分の１メートル）です。そのようなミクロな粒子の集まりにおいて，異なる種類の粒子が混ざっていることを検出できるのが，この問題に登場する装置です。自然界では，陽子（水素の原子核）に対して重水素の原子核が微量に混在しています。これを検出することで，例えばその割合（存在比）を調べることができます。そして，これを実現するために，**磁界だけでなく電界も組み合わせて利用**する装置が紹介されています。

まずは，設問ⅠとⅡを確認しましょう。磁界中で荷電粒子がどのように運動するのかを確認する基本的な問題です。

荷電粒子の磁界中および電界中での運動を，図１のように直交座標系を設定して考える。$+z$ 方向を向いた磁束密度 B の一様な磁界があるものとする。

Ⅰ　ある時刻に陽子（電荷 e，質量 m）が x 軸方向の速度成分 0，y 軸方向の速度成分 v（>0），z 軸方向の速度成分 0 を持っていた。

(1)　この陽子の受ける力の大きさを求めよ。

(2)　その力は，どちらの方向を向いているか。

(3)　この陽子は円運動をする。その円の半径を導け。

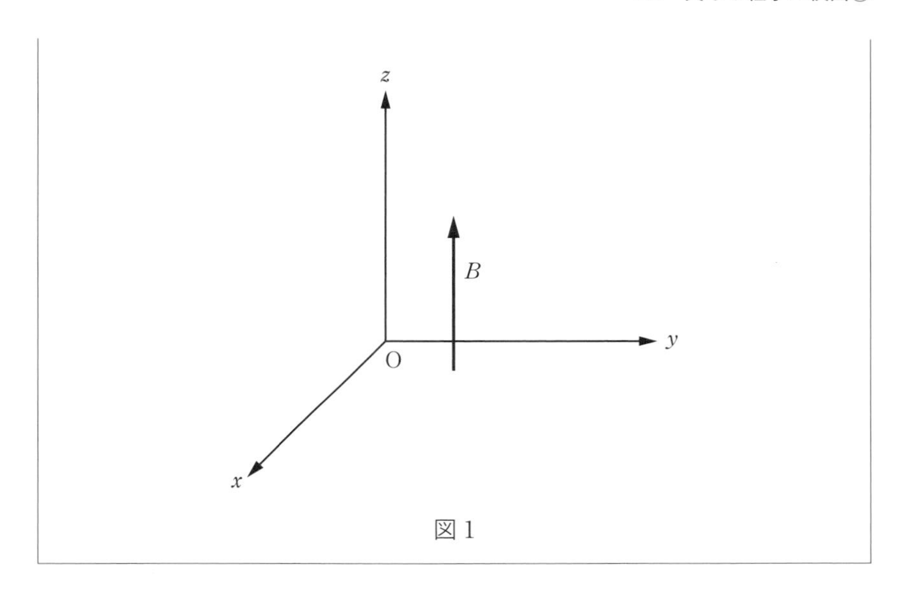

図1

電荷 e，質量 m，磁界を横切る速度成分 v の陽子は，磁界から **(答) ＋$\boldsymbol{x}$ 軸方向**（フレミングの左手の法則）の **(答) 大きさ $\boldsymbol{evB}$ のローレンツ力**を受けます。そして，ローレンツ力が向心力となって円運動をします。

円運動の運動方程式は次のように書けるので，これを解いて円運動の半径 r が求められます。

$$m\frac{v^2}{r}=evB$$

$$\therefore\ r=\frac{mv}{eB} \quad \cdots\cdots \text{(答)}$$

続く設問Ⅱでは，陽子が y 軸方向に加えて，z 軸方向の速度成分を持っている場合を考えます。

Ⅱ　ある時刻に陽子が x 軸方向の速度成分 0，y 軸方向の速度成分 v_y，z 軸方向の速度成分 v_z を持っていた。この陽子はらせん運動をする。陽子がらせんを一周する間に z 軸方向に進む距離を求めよ。

このとき，z 軸は磁界に平行であるため，z 軸方向の速度成分 v_z は磁界から影響を受けません。よって，陽子の xy 平面上での運動は設問Ⅰの場合と変わらず，等速円運動になります。ここへ z 軸方向への等速度運動が加わり，2つが組み合わさって**らせん運動**となるのです。

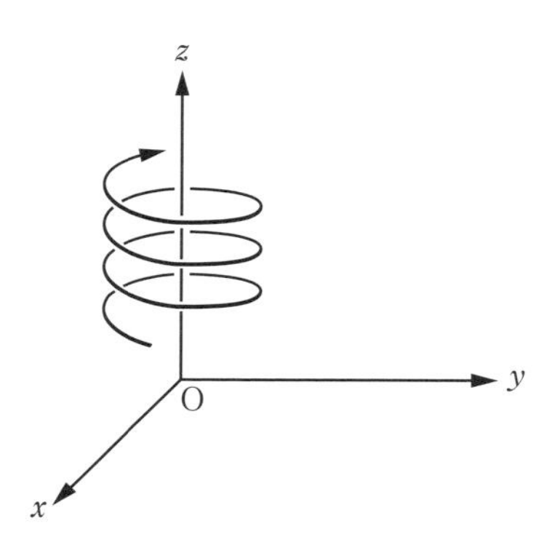

このことが理解できれば，「陽子がらせんを一周する」のにかかる時間は，等速円運動の周期と等しいことがわかります。円運動の周期 $T=\dfrac{2\pi r}{v}$ なので，これに設問Ⅰ(3)で求めた $r=\dfrac{mv}{eB}$ を代入すると，

$$T=\frac{2\pi m}{eB}$$

陽子は z 軸方向へこれだけの時間，一定速度 v_z で等速度運動するので，その移動距離は次のように求められます。

$$v_z\times\frac{2\pi m}{eB}=\frac{2\pi m v_z}{eB}\quad\cdots\cdots\ \textbf{(答)}$$

ここまで，磁界中での荷電粒子の運動の仕方を確認しました。これを応用することで，異なる粒子の検出を行うことができます。設問Ⅲ以降で，その方法を考察しましょう。

磁界中での荷電粒子の運動を利用して，陽子のエネルギー分析器を考案した。図2のように $y \geqq 0$ の領域に $+z$ 方向を向いた磁束密度 B の一様な磁界をかける。陽子を磁界のある領域に向かって入射させるため，入射装置を磁界のない領域（$y<0$）に設置する。陽子は x 軸方向の速度成分0，y 軸方向の速度成分 v_y，z 軸方向の速度成分0を持って原点Oを通過する。$y=0$ の平面（xz 平面）上に置いた検出器により陽子の位置を測定する。

Ⅲ　陽子が運動エネルギー $W\left(=\dfrac{m{v_y}^2}{2}\right)$ を持って入射した。陽子が検出される位置の x 座標および z 座標を W の関数として求めよ。

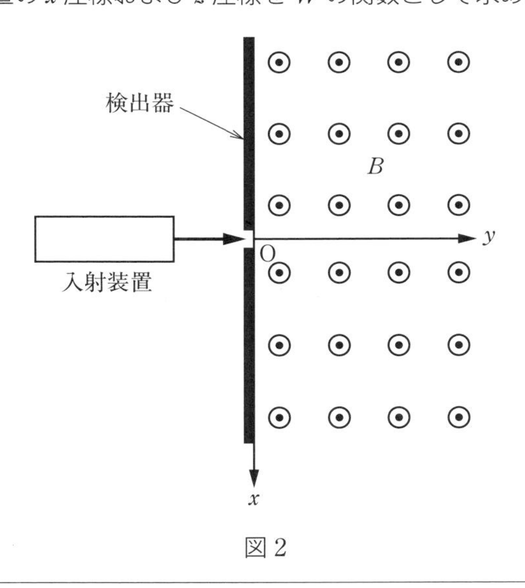

図2

問題文中に陽子の運動エネルギー W の式が与えられていますが，これを解くと陽子の速度 v_y は次のようになります。

$$W=\frac{mv_y{}^2}{2} \qquad \therefore\ v_y=\sqrt{\frac{2W}{m}}$$

円運動の軌道を考えるうえでは，この値が必要になります。これを，設問Ⅰ(3)で求めた陽子の円運動の半径 r を表す式へ代入すると，

$$r=\frac{mv_y}{eB}=\frac{\sqrt{2mW}}{eB}$$

陽子はこの半径 r で磁界中を運動するので，検出器に衝突するときの x 座標は半径 r の2倍（＝直径）になります。よって，求める x 座標は次のようになります。

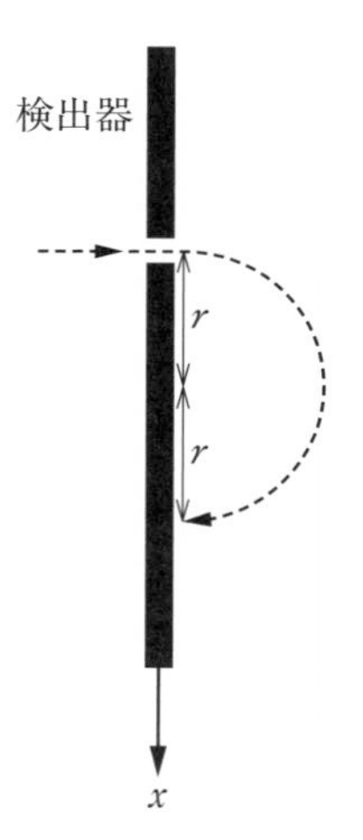

$$x=2r=\frac{2\sqrt{2mW}}{eB} \quad \cdots\cdots \text{（答）}$$

また，z 軸方向の速度成分は0なので，z 座標は常に一定です。

$$z=0 \quad \cdots\cdots \text{（答）}$$

以上より，**陽子の運動エネルギー W が一定であれば，検出器に衝突する陽子の x 座標が一定になる**ことがわかります。つまり，陽子の運動エネルギーをそろえることで，陽子を一点に集中させることができるのですね。

続いて，設問Ⅳをみていきましょう。

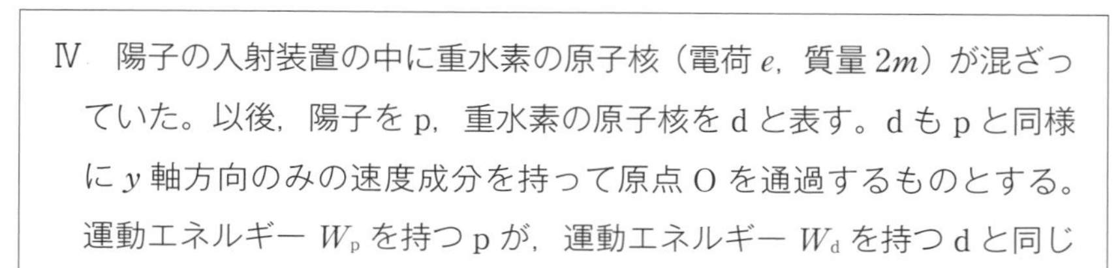
Ⅳ　陽子の入射装置の中に重水素の原子核（電荷 e，質量 $2m$）が混ざっていた。以後，陽子を p，重水素の原子核を d と表す。d も p と同様に y 軸方向のみの速度成分を持って原点 O を通過するものとする。運動エネルギー W_p を持つ p が，運動エネルギー W_d を持つ d と同じ

軌跡を描くとき，W_d は W_p の何倍か。

陽子と重水素の原子核の運動エネルギーを用いて，それぞれの軌道を考える内容です。陽子 p の軌道は設問Ⅲで考えたとおりですが，重水素の原子核 d の場合はどうでしょう？　陽子 p との違いは，質量と運動エネルギーです。電荷 e は共通であり，同じ磁界中を運動するので磁束密度 B も共通の値を使えます。これらのことから，重水素の原子核 d の軌道半径 r' は，次のように表せることがわかります。

$$r'=\frac{\sqrt{2(2m)W_d}}{eB}$$

そして，これが陽子 p の円運動の半径 r と等しくなるための条件が，次のように求められます。

$$\frac{\sqrt{2(2m)W_d}}{eB}=\frac{\sqrt{2mW_p}}{eB} \qquad \therefore\ W_d=\frac{1}{2}W_p \quad \cdots\cdots\ \textbf{(答)}$$

Note

なお，この結果は，以下のように解釈できます。

陽子 p も重水素の原子核 d も，電荷 e は共通です。そのため，もしも速さが等しければ同じ大きさのローレンツ力がはたらきます。その場合，質量が大きい重水素の原子核 d のほうが速度は変化しにくいので，大きな軌道を描くことになってしまいます。そうならないようにするためには，重水素の原子核 d の速度を陽子 p よりも小さくしてやる必要があるのです。

さて，設問Ⅳで求めたように運動エネルギーの条件を整えたとして，これでは陽子 p と重水素の原子核 d を分離できません。しかし，**$+z$ 軸方向の電界 E を加えると分離できるようになる**のです。そのことを，設問ⅤとⅥで考察します。

Ⅴ　p と d を区別するため，$y\geqq 0$ の領域で $+z$ 方向に一様な電界 E をかけた。運動エネルギー W_p を持って入射された p が検出される位置の

x 座標および z 座標を求めよ。

電界 E によって，陽子 p は $+z$ 方向に力 eE を受けます。これによって $+z$ 方向に加速度 $\dfrac{eE}{m}$ が生じるので，z 方向の運動は変化します。しかし，xy 平面上での運動に変化はありません（設問Ⅱと同様）。よって，陽子が検出される x 座標は設問Ⅲの場合と変わらず，次のようになります。

$$\frac{2\sqrt{2mW_{\mathrm{p}}}}{eB} \quad \cdots\cdots \textbf{（答）}$$

ここへ加わる z 方向の運動は，等加速度運動です。（z 方向の）初速度は0なので，円運動の周期 $T=\dfrac{2\pi m}{eB}$ の $\dfrac{1}{2}$ の時間で進む距離は次のようになり，これが検出されるときの z 座標となります。

$$\frac{1}{2}\cdot\frac{eE}{m}\left(\frac{T}{2}\right)^2=\frac{1}{2}\cdot\frac{eE}{m}\left(\frac{\pi m}{eB}\right)^2=\frac{\pi^2 mE}{2eB^2} \quad \cdots\cdots \textbf{（答）}$$

それでは，重水素の原子核 d の場合はどうなるでしょう？　それを考えるのが，次の設問Ⅵです。

Ⅵ　設問Ⅳで軌跡が重なり合っていた p と d は，この電界 E をかけることによって分離される。d が検出される位置の x 座標および z 座標を求めよ。

まず，検出される x 座標は設問Ⅳのときと等しく，次のようになります。

$$\frac{\sqrt{2(2m)W_{\mathrm{d}}}}{eB}=\frac{2\sqrt{mW_{\mathrm{d}}}}{eB} \quad \cdots\cdots \textbf{（答）}$$

これは，陽子 p が検出される x 座標と等しいわけです。それでは，z 座標はどうでしょう？　重水素の原子核 d の場合も，$+z$ 方向に力を受けます。

その大きさは eE で，これによって生じる加速度の大きさは $\dfrac{eE}{2m}$ です。これをもとに z 方向の運動（等加速度運動）を考えると，初速度が 0，検出器へ衝突するまでの運動時間が円運動の周期 $T'=\dfrac{2\pi\cdot 2m}{eB}$ の $\dfrac{1}{2}$ であることから，移動距離は次のように求められます。

$$\frac{1}{2}\cdot\frac{eE}{2m}\left(\frac{T'}{2}\right)^2=\frac{1}{2}\cdot\frac{eE}{2m}\left(\frac{2\pi m}{eB}\right)^2=\frac{\pi^2 mE}{eB^2} \quad \cdots\cdots \text{(答)}$$

これが，重水素の原子核 d が検出される z 座標なのですが，この値は陽子の場合の 2 倍であることがわかります。

以上のように，到達する x 座標の等しい陽子 p と重水素の原子核 d とを，電界 E をかけることで z 軸上の異なる位置で検出することに成功しました。

このような方法が，目に見えない粒子の検出に活用されているのですね。

Note

この問題どおりの状況を実現するには，設問Ⅳで指定されたように運動エネルギーの比を 2：1 にする必要があります。しかし，そもそも電界を用いて加速するような入射装置を使う場合，同じ電界をかけたらどちらも同じ運動エネルギーとなってしまいます。その場合，到達する x 座標自体に違いが生じるので，それで検出ができてしまいます。

実際にはそのような簡潔な仕組みも活用されています。ただ，それだと単純すぎるため，この問題ではアレンジを加えたのだろうと思われます。

6.4 異なる粒子の検出②

磁界中での荷電粒子の運動を題材とした問題は，東大入試では本当によく出題されています。ここでは6.2，6.3（p.192，204）に続き，目に見えないミクロな粒子を区別する方法を，2004年（平成16年）の東大入試問題をもとに紹介します。やはり，電界と磁界をうまく利用することがポイントのようです。どんな装置を使っているのか，さっそく導入文で確認しましょう。

Lead

図に示すように直交座標系を設定する。初速度の無視できる電荷 q（$q>0$），質量 m の陽子が，y 軸上で小さな穴のある電極aの位置から電極a，b間の電圧 V で $+y$ 方向に加速され，z 軸に垂直で y 軸方向の長さが l の平板電極c，d（$z=\pm h$）からなる偏向部に入る。c，d間には $+z$ 方向に強さ E の一様な電界がかけられている。これらの装置は真空中にある。電界は平板電極c，dにはさまれた領域の外にはもれ出ておらず，ふちの近くでも電極に垂直であるとし，地磁気および重力の影響は無視できるとする。

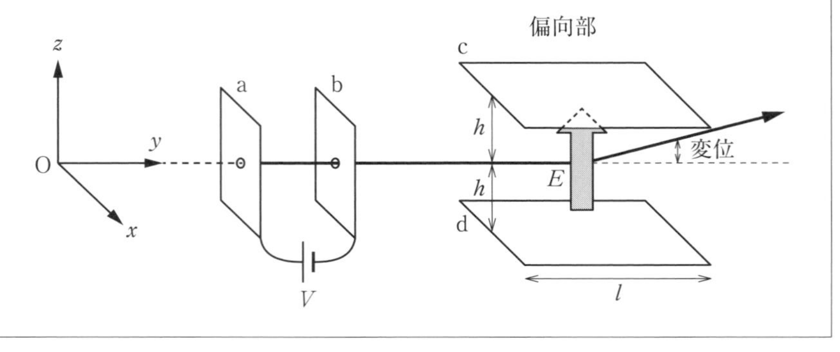

2箇所の電極間（a–b間，c–d間）には，電界が存在します。しかし，電界だけでは異なる荷電粒子を分離することはできないのでした。後半の設問に登場しますが，磁界も必要になります。

とりあえず，設問Ⅰをみてみましょう。異なる粒子の分離には電界も必要ですので，まずは電界中での陽子の運動について考えます。

Ⅰ　電極 b の穴を通過した瞬間の陽子の速さ v_0 を，V，q，m を用いて表せ。

陽子は，電圧 V をかけられることで加速します。a-b 間で，陽子は qV の仕事をされます。そして，それだけ運動エネルギーが増加します。つまり，エネルギー保存則から次の関係が成り立ち，これを解いて v_0 が求められます。

$$\frac{1}{2}mv_0{}^2=qV \qquad \therefore\ v_0=\sqrt{\frac{2qV}{m}} \quad \cdots\cdots \text{(答)}$$

続いて設問Ⅱです。

Ⅱ　その後，陽子は直進し，速さ v_0 のままで偏向部に入る。
(1)　陽子が電極 c に衝突することなく偏向部を出る場合，その瞬間の z 座標（変位）z_1 を，v_0，q，m，l，E を用いて表せ。
(2)　E がある値 E_1 より大きければ陽子は電極 c に衝突し，小さければ衝突しない。その値 E_1 を，V，l，h を用いて表せ。

陽子は速度 v_0 を得て，偏向部へと進入します。偏向部では，やはり電界が陽子の運動を変化させます。陽子は電界から z 方向に大きさ qE の力を受けるため，z 方向に加速します。加速度の大きさを a とすると，運動方程式 $ma=qE$ が成り立ち，ここから $a=\dfrac{qE}{m}$ と求められます。また，陽子の速度の y 成分は変化しないので，偏向部を通過するのにかかる時間 $t=\dfrac{l}{v_0}$ となります。

以上のことから，陽子の z 方向の等加速度運動の様子がわかり，z 方向への変位 z_1 は次のように求められます。

$$z_1=\frac{1}{2}at^2=\frac{1}{2}\times\frac{qE}{m}\times\left(\frac{l}{v_0}\right)^2=\frac{qEl^2}{2mv_0{}^2}\quad\cdots\cdots\ \text{(答)}$$

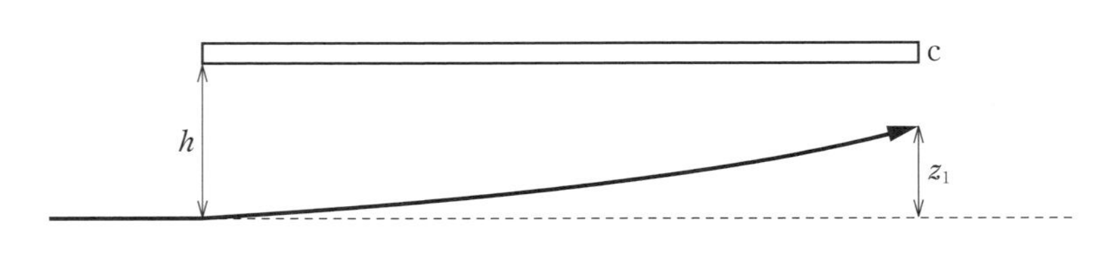

この値は，設問Ⅰで求めた v_0 の値を代入すると，次のように書き換えられます。

$$z_1=\frac{qEl^2}{2m\left(\sqrt{\dfrac{2qV}{m}}\right)^2}=\frac{El^2}{4V}$$

もしも $z_1 \geqq h$ であれば，陽子は電極 c に衝突することになります。逆に，$z_1 < h$ であれば，電極 c には衝突しません。したがって，次の関係が成り立ち，これを解いて E_1 が求められます。

$$z_1=\frac{E_1l^2}{4V}=h\qquad\therefore\ E_1=\frac{4Vh}{l^2}\quad\cdots\cdots\ \text{(答)}$$

それでは，設問Ⅲに進みましょう。

> Ⅲ　陽子の代わりにアルファ粒子（電荷 $2q$，質量 $4m$）を用いて同じ V，E の値で実験を行ったところ，偏向部を出る瞬間の z 座標（変位）は z_2 であった。z_2 を，z_1 を用いて表せ。

いよいよ，異なる粒子が登場します。しかし，どうやって分離するのでしょうか？　荷電粒子の電荷と質量が異なるので，粒子の運動も変化しそうに思えます。**ところが，そうはならないのです。**

設問Ⅱ(2)で求めた式から，座標 z_1 は V，E，l の3つの値によって決まることがわかります。

$$z_1=\frac{El^2}{4V}$$

この3つの値は，粒子の電荷や質量を変えたからといって変わるものではありません。荷電粒子の種類を変えても粒子の軌跡は変わらないのです。

$z_2=z_1$　…… **(答)**

以上のことは，もう少し詳細に考察すると，以下のようになります。

まず，粒子の種類が変わることで，電極bの穴を飛び出す瞬間の速さが変化します。陽子の速さ $v_0=\sqrt{\dfrac{2qV}{m}}$ でした。アルファ粒子では，この式中の q が2倍，m が4倍になるため，速さは $\dfrac{1}{\sqrt{2}}$ 倍になります。そのため，偏向部を通過するのにかかる時間は $\sqrt{2}$ 倍となります。そして，偏向部で生じる加速度も変化します。加速度 $a=\dfrac{qE}{m}$ の q が2倍，m が4倍になるため，加速度は $\dfrac{1}{2}$ 倍になります。

このように，通過時間や加速度が変わるのですが，**その影響が相殺されて結局は同じ軌跡を描いて運動することになる**，というわけです。$z_2=z_1$ なので軌跡は同じだけれど，運動にかかる時間は違うということですね。

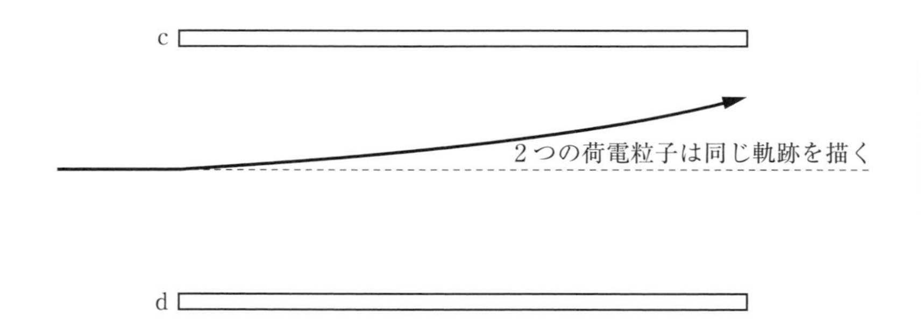

さて，時間が違っても到達する z 座標が等しければ，異なる粒子を区別することはできません。つまり，電界だけを使って分離することは難しいということです。そこで，磁界の登場です。次の設問Ⅳ(1)で，磁界をかけることで異なる粒子を区別できることが理解できます。

Ⅳ　E の値を E_1 に固定し，電極 c，d にはさまれていた領域に $+x$ 方向に磁束密度 B（$B>0$）の一様な磁界をかけ，再び陽子を用いて実験した。

(1)　B をある値 B_1 にしたところ，陽子は偏向部を直進し，偏向部を通過するのに時間 T_1 を要した。B_1 と T_1 を，v_0，E_1，l を用いてそれぞれ表せ。

磁界 B_1 をかけることで，陽子には電界からの力 qE_1 だけでなく，ローレンツ力 qv_0B_1 もはたらくようになります。

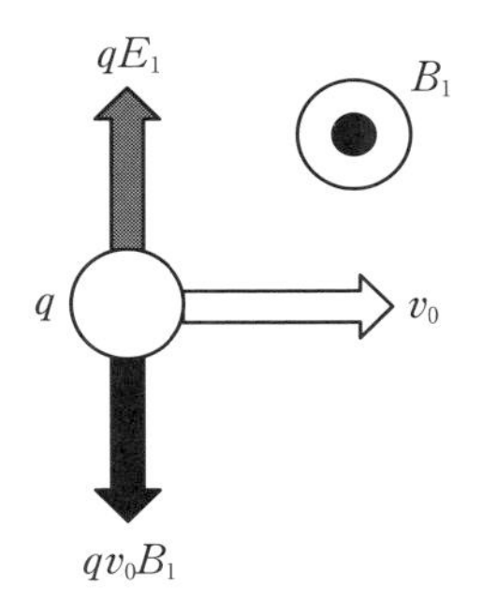

そして，その結果として陽子が直進したということは，2つの力がつり合っているということを意味しています。つまり，次の関係が成り立ち，これを解いて B_1 が次のように求められます。

$$qE_1 = qv_0 B_1 \qquad \therefore\ B_1 = \frac{E_1}{v_0}$$ …… **(答)**

さらに，陽子にはたらく力がつり合うため，陽子はただ直進するということではなく，等速度 v_0 で直進する（等速直線運動する）こともわかります。よって，偏向部を通過するのにかかる時間 T_1 は次のようになり，先ほど（磁界をかけない場合）と変わらないことがわかります。

$$T_1 = \frac{l}{v_0}$$ …… **(答)**

さて，ここで，$B_1 = \dfrac{E_1}{v_0}$ という値は，**荷電粒子の種類によって変わる**ことに注目してください。設問 I のように，v_0 の値は，荷電粒子の電荷や質量によって変わるのでした。ですので，同じ E_1 に対して荷電粒子の種類によって B_1 の値が変わるのです。ということは，偏向部に一定の磁界をかけた場合，荷電粒子の種類によって運動の軌跡が変わることになります。それによって，異なる荷電粒子を区別できるというわけです。電界だけでは区別できなかった異なる粒子が，磁界を追加することで区別できるようになった，というわけですね。

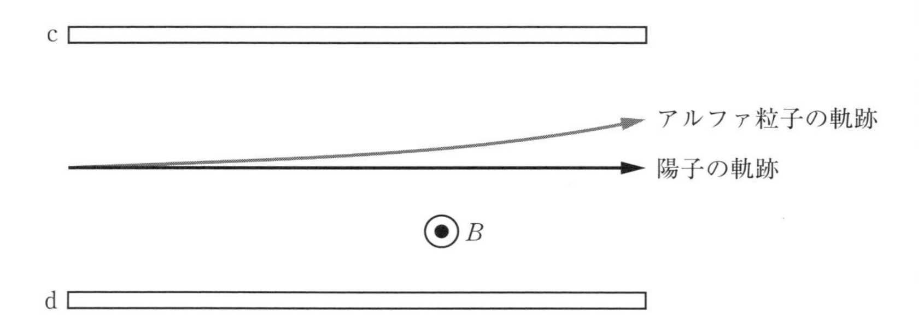

以上で荷電粒子を区別する方法はわかりましたが，せっかくですので続く問題Ⅳ(2)，(3)も考えてみましょう。

> (2)　B をある値 B_2（$0<B_2<B_1$）にしたところ，陽子が偏向部を出る直前の z 座標（変位）は z_3（$z_3>0$）であった。このときの陽子の速さ v_1 を，q，m，V，E_1，z_3 を用いて表せ。

設問Ⅳ(2)のポイントは，陽子は電界からだけ仕事をされ，磁界（ローレンツ力）からは仕事をされないということです。これは，ローレンツ力がつねに陽子の速度に垂直な向きにはたらくためです。

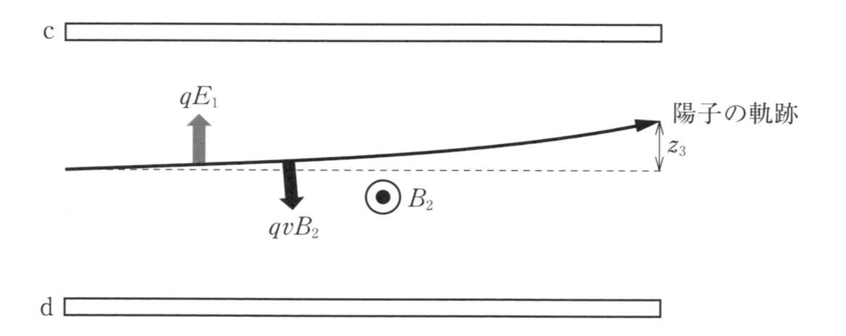

よって，陽子の運動エネルギーは電界からされる仕事の分だけ変化するので，次の関係が成り立ち，これを解いて v_1 が求められます。

$$\frac{1}{2}mv_1{}^2-\frac{1}{2}mv_0{}^2=qE_1z_3$$

$$\frac{1}{2}m{v_1}^2-\frac{1}{2}m\left(\sqrt{\frac{2qV}{m}}\right)^2=qE_1z_3$$

$$\therefore\ v_1=\sqrt{\frac{2q}{m}(V+E_1z_3)}\quad\cdots\cdots\ \textbf{(答)}$$

(3)　B を $0<B<B_1$ の範囲内で変化させて実験を繰り返し，陽子が偏向部を通過するのに要する時間 T を測定した。このとき，B と T の関係を表すグラフはどのようになるか。次の（ア）～（オ）の中から最も適当なものを１つ選べ。

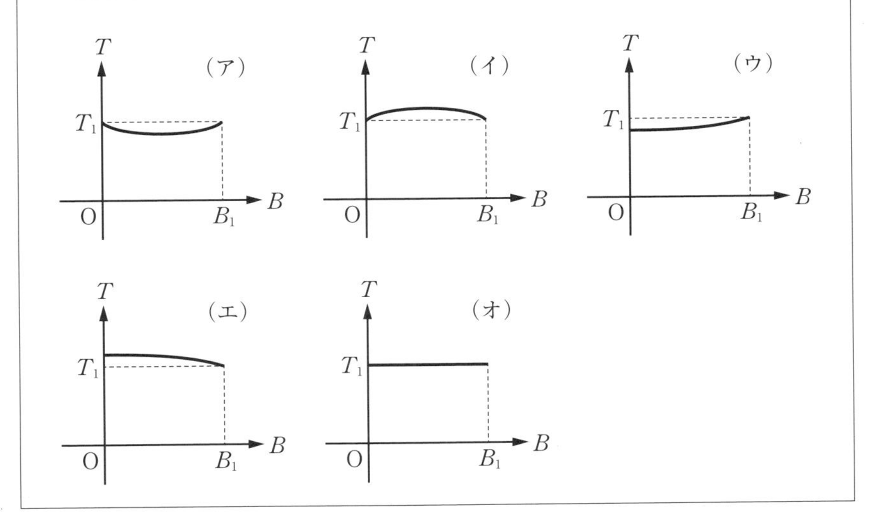

陽子の速度は，y 成分と z 成分とに分けて考えられます。このうち y 成分が変わると，偏向部を通過するのにかかる時間が変わります。陽子には，ローレンツ力が次のようにはたらくので，陽子の速度の y 成分は増加していきます（その分，z 成分は小さくなります）。

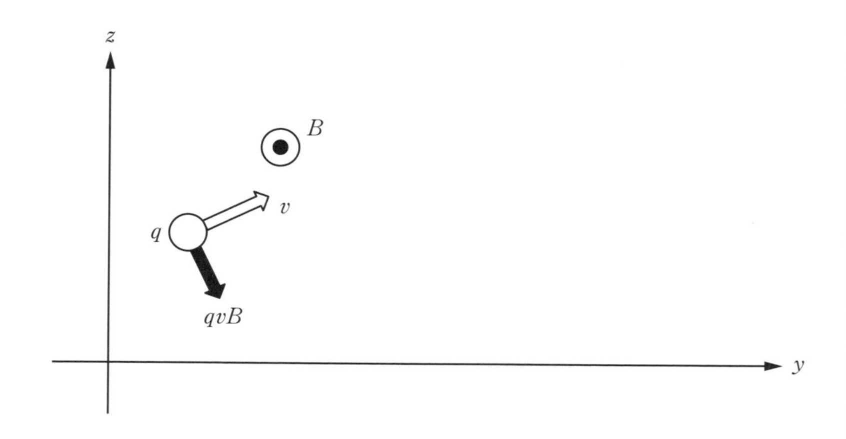

そのため，陽子が偏向部を通過するのにかかる時間は短くなります。ただし，$B=0$ の場合はローレンツ力がはたらかないので，通過時間は T_1 のまま変わりません。また，$B=B_1$ の場合はローレンツ力と電界からの力がつり合って荷電粒子は等速直線運動するので，やはり通過時間は T_1 のまま変わりません。以上のことから，**（ア）が答え**であると判断できます。

第7章

電気工学を確かめる

7.1 最高効率の変圧器

私たちの社会は，発電所で生み出された電気が送電されることで成り立っています。そして，エネルギー問題が深刻化している現在，少しでも効率のよい（送電ロスの少ない）送電が求められています。超伝導を使った送電など新しい技術も研究されていますが，送電の効率を上げるポイントはやはり変圧器にあるようです。

変圧器は，発電所から送られる高電圧の電気を低電圧の電気に変換する装置です。電圧を高くして送電するのは，そのほうが損失（ロス）が少ないからです。しかし，使用時には安全のため低電圧とする必要があります。そのため，変圧器が欠かせないのです。

変圧器は，状況に応じて最適なものを選ぶ必要があります。どのような工夫が必要なのか，1993年（平成5年）の東大入試問題を通して考察してみましょう。

実効値 V の交流電圧 $v=\sqrt{2}\,V\sin\omega t$ を発生する，内部抵抗 R_0 の電源がある。ただし，ω は角周波数，t は時刻である。この電源を用いて，抵抗 R に電力を供給する。電力は交流の1周期にわたり平均したものを考えるものとする。

Ⅰ　図1のように，この電源に抵抗 R をつないだ。

(1)　抵抗 R で消費される電力 P を，V，R_0，R で表せ。

(2)　R の値を変化させたとき，この電力 P を最大にする R の値を求めよ。また，そのときの P の値はいくらか。

(3)　電力 P が最大となるとき，電源の内部抵抗 R_0 で消費される電力 P_0 はいくらか。

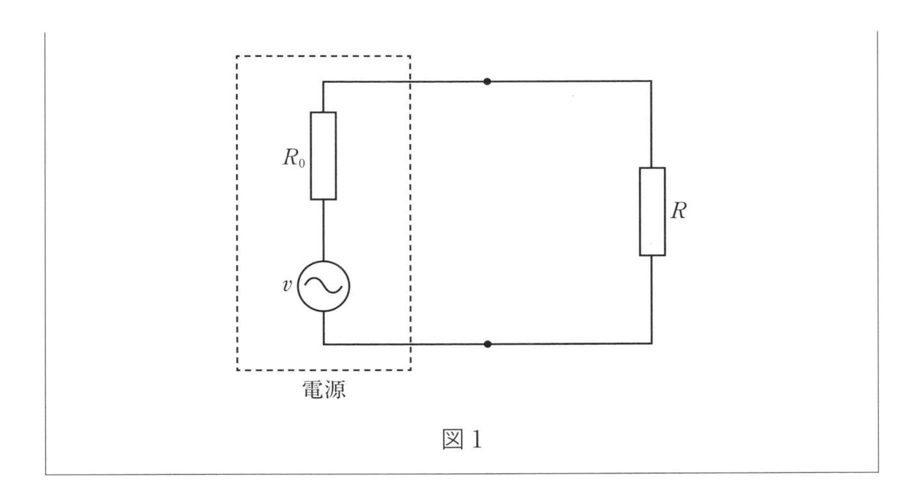

図 1

最初の設問 I に，変圧器はまだ登場しません。まずは，交流回路の消費電力について確認する問題のようです。

電源電圧の実効値が V なので，図 1 の回路を流れる電流の実効値 I は，

$$I=\frac{V}{R_0+R}$$

よって，抵抗 R で消費される電力 P は次のように表されます。

$$P=RI^2=\frac{RV^2}{(R_0+R)^2}\quad\cdots\cdots\ \textbf{(答)}$$

次に，抵抗 R の値を変化させることで電力 P がどのように変化するかを考えます。P は R の関数として表されているので，P を R で微分すると，

$$\frac{dP}{dR}=\frac{V^2\times(R_0+R)^2-2(R_0+R)\times RV^2}{(R_0+R)^4}$$
$$=\frac{(R_0+R)V^2}{(R_0+R)^3}-\frac{2RV^2}{(R_0+R)^3}=\frac{(R_0-R)V^2}{(R_0+R)^3}$$

Note

ここでは，$\left(\frac{g}{f}\right)'=\frac{g'f-gf'}{f^2}$ の微分公式を使いました。$\frac{dP}{dR}$ は上に凸の二次関数なので，$R=R_0$ のときに最大かつ極大となります。

これより，**(答) $\boldsymbol{R=R_0}$ のときに $\boldsymbol{P}$ が最大**となり，その値 $P_{\max}$ は次のようになります。

$$P_{\max}=\frac{R_0V^2}{(R_0+R_0)^2}=\frac{V^2}{4R_0} \quad \cdots\cdots \text{(答)}$$

そして，このときには電源の内部抵抗にも同じように電流が流れますので，ここでも電力を消費します。内部抵抗 R_0 に流れる電流の実効値 I は，

$$I=\frac{V}{R_0+R_0}=\frac{V}{2R_0}$$

したがって，電源の内部抵抗 R_0 での消費電力 P_0 は次のように求められます。

$$P_0=R_0I^2=\frac{V^2}{4R_0} \quad \cdots\cdots \text{(答)}$$

Note

実は P_0 は，このような計算をせずとも求めることができます。というのは，電力 P が最大になるときには $R=R_0$ で，回路中の2つの抵抗の大きさが等しくなるからです。当然，流れる電流の実効値も等しいので，電池の内部抵抗での消費電力 P_0 は，抵抗 R での消費電力 P と等しく $\frac{V^2}{4R_0}$ であるとわかるのです。

この結論からわかるのは，**使用する抵抗（抵抗 $\boldsymbol{R}$）での消費電力を最大にするには，電源で発生させたエネルギーのちょうど半分を無駄にする必要がある**ということです。$R>R_0$ とすれば，「R での消費電力 $>R_0$ での消費電力」となって効率はよくなります。しかし，回路に流れる電流が小さくなるので R での消費電力自体は小さくなってしまいます。逆に $R<R_0$ とすると，「R での消費電力 $<R_0$ での消費電力」となって効率が下がり，さらに R にかかる電圧が小さくなることで R での消費電力自体も小さくなってしまいます。

さて，それでは設問Ⅱへ進みましょう。いよいよ変圧器の登場です。

Ⅱ　次に，電源と抵抗 R の間に図 2 のように変圧器を入れた。この変圧器は理想的な変圧器であり，1 次側コイルの巻数と 2 次側コイルの巻数の比を 1：k とすると，1 次側の電圧 e_1 と 2 次側の電圧 e_2，および，1 次側の電流 i_1 と 2 次側の電流 i_2 の間には，

$$e_2 = ke_1$$

$$ki_2 = i_1$$

の関係が成り立つものとする。ただし，e_1，e_2，i_1，i_2 は瞬間値（瞬時値）である。

(1)　抵抗 R で消費される電力 P' を，V，R_0，R，k で表せ。

(2)　k の値を変化させたとき，この電力 P' を最大にする k の値を求めよ。また，そのときの P' の値はいくらか。

(3)　電力 P' が最大となるとき，電源の内部抵抗 R_0 で消費される電力 P_0' はいくらか。

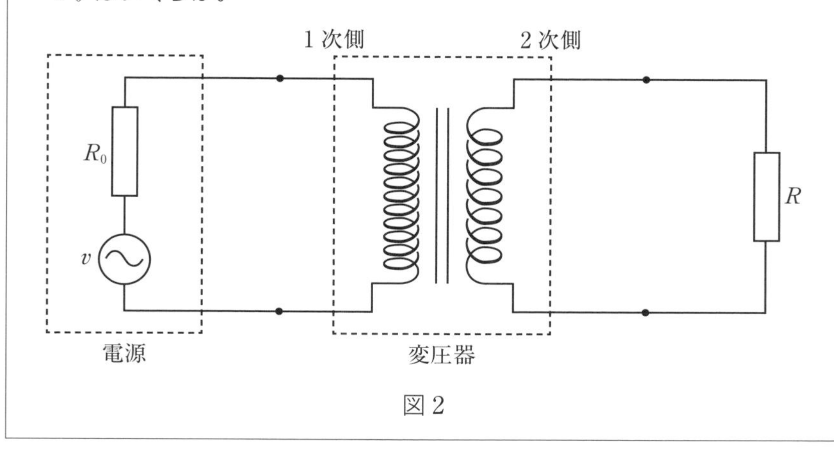

図 2

現実に電力を使用するとき，設問Ⅰの状況のように，使用するものの抵抗値 R を自由に変えるというのは不可能です。R は既定値となっているのが普通の状況でしょう。そのとき，電源と使用する抵抗の間に変圧器を入れることで，抵抗での消費電力を変えられるのです。どのような変圧器にしたら，抵抗での消費電力を最大にすることができるでしょう？　問題を解くこ

とで，そのことを理解できます。

まずは，抵抗 R での消費電力を求めます。図2の左右の回路には，次のような電流が流れます。

$$\text{左側}\quad i_1=\frac{v-e_1}{R_0},\quad \text{右側}\quad i_2=\frac{e_2}{R}$$

ここへ，問題文に示された $ki_2=i_1$，$e_2=ke_1$ を代入すると，

$$ki_2=\frac{v-e_1}{R_0}\qquad \therefore\ e_1=v-ki_2R_0$$

$$i_2=\frac{ke_1}{R}\qquad \therefore\ e_1=\frac{i_2R}{k}$$

e_1 を消去して整理すると，

$$e_1=v-ki_2R_0=\frac{i_2R}{k}\qquad \therefore\ i_2=\frac{v}{kR_0+\dfrac{R}{k}}$$

よって，右側の回路に流れる電流の実効値 I_2 は，

$$I_2=\frac{V}{kR_0+\dfrac{R}{k}}$$

この値を使って，抵抗 R での消費電力 P' は次のように求められます。

$$P'=RI_2{}^2=\frac{RV^2}{\left(kR_0+\dfrac{R}{k}\right)^2}\quad \cdots\cdots\ \textbf{(答)}$$

そして，k をどのような値にすれば，P' が最大になるかを考えるのが，設問Ⅱ(2)です。k は，変圧器の中の2つのコイルの巻数の比で決まる値です。変圧器によって，使用できる電力 P' が変わるということなのですね。

$$\frac{dP'}{dk}=-\frac{RV^2\times 2\left(R_0-\dfrac{R}{k^2}\right)\left(kR_0+\dfrac{R}{k}\right)}{\left(kR_0+\dfrac{R}{k}\right)^4}=-2RV^2\frac{R_0-\dfrac{R}{k^2}}{\left(kR_0+\dfrac{R}{k}\right)^3}$$

Note

ここでは，$\left(\frac{1}{f}\right)'=-\frac{f'}{f^2}$ の微分公式を使いました。

と求められることから，$R_0-\frac{R}{k^2}=0$，すなわち $k=\sqrt{\frac{R}{R_0}}$ のときに消費電力 P' は最大となることがわかります。そして，そのときの値 $P_0{}'$ は次のように求められます。

$$P_0{}'=\frac{RV^2}{\left(\sqrt{\frac{R}{R_0}}R_0+\frac{R}{\sqrt{\frac{R}{R_0}}}\right)^2}=\frac{V^2}{4R_0}\quad \cdots\cdots \text{（答）}$$

この値は設問Ⅰで求めた値，**すなわち変圧器を使わない場合と等しくなっています**。このことからわかるのは，抵抗値 R を調整することができなくても，変圧器を使うことで電源と抵抗を直接接続した回路と同じ消費電力を得ることができるということです。

私たちが家庭で使う電気製品は，発電所の電源と直接つながってはいません。いくつもの変圧器が仲介して，電力が運ばれています。どのような変圧器に仲介されるかで，エネルギー効率が変わるということなのです。送電効率の上昇のために，変圧器が重要な役割を果たしていることが理解できますよね。

さらに，以上の場合には，電源の内部抵抗でも電力が消費されます。最後にその値を求めてみましょう。

左側の回路に流れる電流 i_1 は，

$$i_1=ki_2=\sqrt{\frac{R}{R_0}}\times\frac{v}{\sqrt{\frac{R}{R_0}}R_0+\frac{R}{\sqrt{\frac{R}{R_0}}}}=\frac{v}{2R_0}$$

したがって，電源の内部抵抗 R_0 に流れる電流の実効値 I_1 は，

$$I_1=\frac{V}{2R_0}$$

このとき，内部抵抗 R_0 での消費電力 $P_0{}'$ は次のようになります。

$$P_0{}'=R_0I_1{}^2=\frac{V^2}{4R_0}$$

これも，変圧器を使わない場合と同じ値になりました。変圧器を調整して（使用する）抵抗での消費電力を最大にするときには，変圧器がないときと全く同じ状況を実現できることがわかります。変電所では，数多くの変圧器が使われています。また，変圧器は電柱などにも取り付けられています。これらには，発電によって得られるエネルギーを最大限に効率よく使用するための工夫が施されているのですね！

7.2 太陽電池の特性

太陽光発電（太陽電池）の普及が急速に進んでいます。化石燃料の大量消費による地球温暖化が問題視されている近年，太陽光はクリーンで無尽蔵なエネルギー源として期待されています。

さて，太陽光発電を普及させるための大きな課題は，電力網へ接続してもその安定を乱さないことです。日射は不安定なのでコントロールは容易ではなく，電力会社はそのことに腐心（ふしん）しています。そして，太陽電池にはあまり知られていない特性があります。そのことを正しく理解していないと，思わぬ事故を招くかもしれません。電力会社は，その特性を熟知したうえで整備を担ってくれているのです。太陽電池を電力網へ接続することは，思っているほど単純ではないということですね。

ここでは，2014年（平成26年）の東大入試問題を通して，太陽電池の特性を理解しましょう。まずは，導入文を確認します。

Lead

太陽電池は，光を電気に変換する素子である。ここでは，太陽電池を図1に示す記号を用いて表し，その出力電流 I は図中の矢印の向きを正とする。また，図中の端子 b を基準とした端子 a の電位を出力電圧 V とする。このとき，V と I の関係は，図2のようになり，下記の式(a)，(b)で表されるものとする。

(a)　$V \leqq V_0$ のとき，$I = sP$

(b)　$V > V_0$ のとき，$I = sP - \dfrac{1}{r}(V - V_0)$

ここで，P は照射光の強度，r，s，V_0 はすべて正の定数である。

ただし，回路の配線に用いる導線の抵抗は無視してよい。

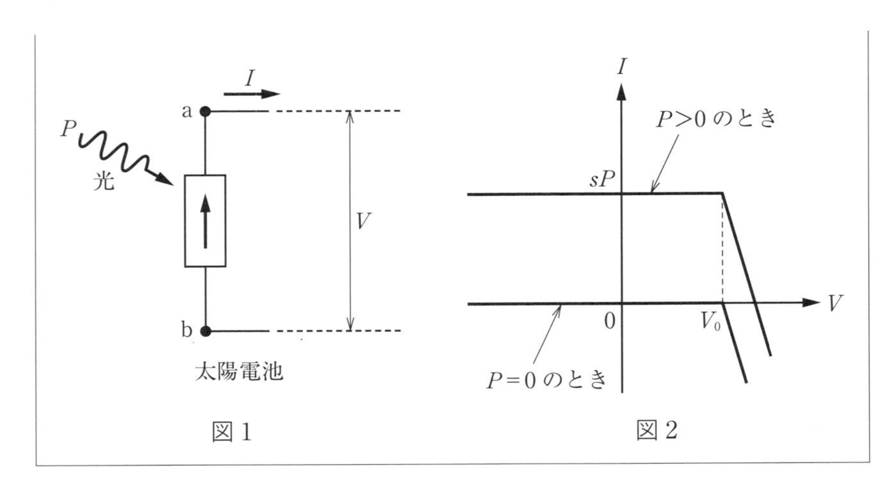

図1　　図2

まず，図2からわかることは，**太陽電池に流れる電流は決して一方向ではない**ことです。太陽電池に流れる電流 I の大きさは，照射光の強度 P によって変わります。さらに，太陽電池の端子電圧（端子間の電圧）V によっても次のように変わるのです。

① $\boldsymbol{V<0}$ **のとき** ⇒ 電流 I は一定

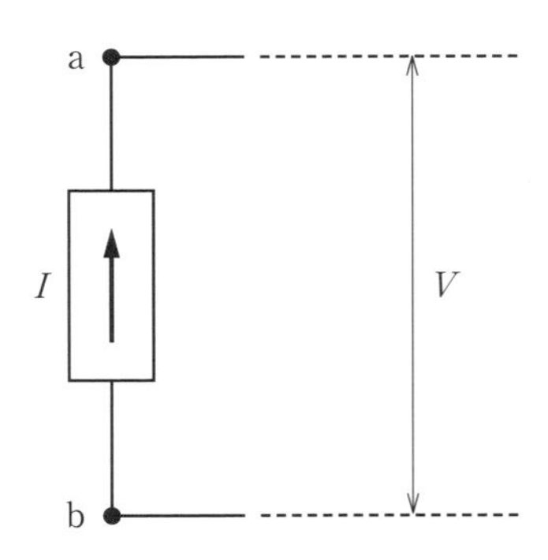

② **$0 \leqq V \leqq V_0$ のとき** ⇒ 電流 I は一定

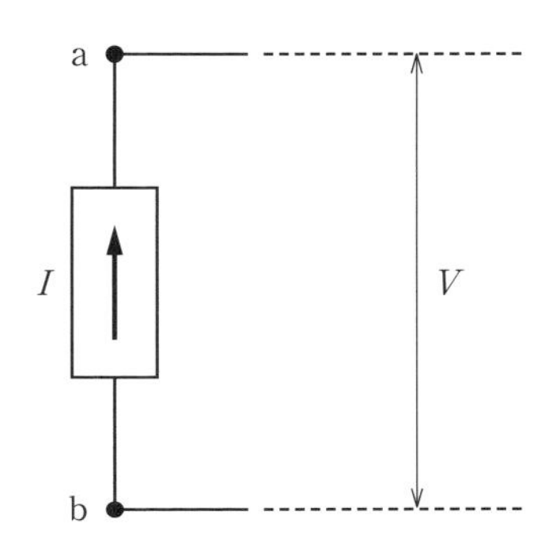

③ **$V > V_0$ のとき** ⇒ V が大きくなるにつれて I が小さくなり，やがて逆向きになる。

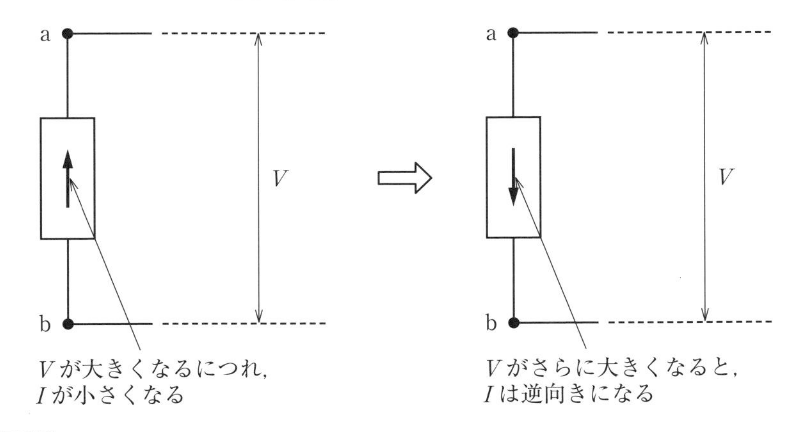

Note

端子 b を基準とした端子 a の電位が V なので，a が b より高電位のときは $V>0$，b が a より高電位のときは $V<0$ となります。

太陽電池にこのような特性があることが，図 2 に示されています。このことを踏まえて，まずは前半の設問 I を考えていきましょう。

Ｉ　図 3 のように，太陽電池の端子間に電気容量 C のコンデンサーを接続した。このとき，コンデンサーに電荷は蓄えられていなかった。この状態で，時刻 $t=0$ から一定の強度 P_0 の光を照射したところ，図4のように電流 I が変化した。

(1) 図4中の時刻 t_1 を求めよ。

(2) 十分に時間が経過した後にコンデンサーに蓄えられた電荷を求めよ。

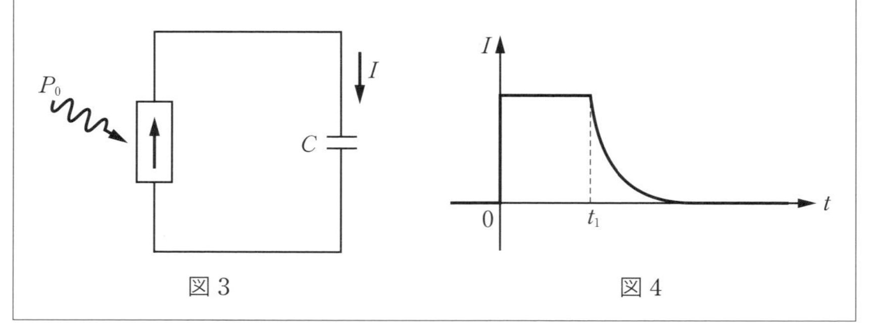

図3　　図4

最初は，太陽電池にコンデンサーを接続したときの状況を考えます。太陽電池に光を照射すると電流が流れるので，コンデンサーには電荷が蓄えられていきます。そして，やがてコンデンサーの電圧 $V=V_0$ になります。すると，流れる電流 $I=sP_0$ が小さくなりはじめるのです。

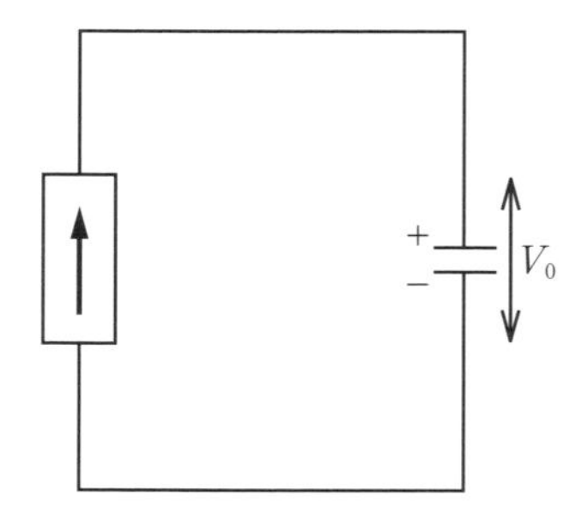

そのようになるまで，コンデンサーには一定の電流 sP_0 が流れ続けます。そして，電流 sP_0 の流れる時間が t_1 であり，その結果蓄えられる電荷が CV_0 になることから，次のような関係が成り立ち，t_1 が求められます。

$$sP_0t_1=CV_0 \qquad \therefore\ t_1=\frac{CV_0}{sP_0} \quad \cdots\cdots \textbf{(答)}$$

Note

電荷（電気量）は，電流と時間の積で表されます。

その後もコンデンサーに電流を流し続けると，コンデンサーの電圧はさらに大きくなって，太陽電池が電流を流そうとする働きがより妨げられることになります。そして，出力電流が次のように $I=0$ なると，太陽電池には電流が流れなくなります。

$$I=sP_0-\frac{1}{r}(V-V_0)=0$$

これで，コンデンサーの充電が終了します。このとき，電流 $I=0$ を満たす条件から，電圧 V は次のように求められます。

$$V=V_0+rsP_0$$

したがって，このときコンデンサーに蓄えられた電荷 Q は，次のようになります。

$$Q=C(V_0+rsP_0) \quad \cdots\cdots \text{（答）}$$

設問Ⅰでは，太陽電池を使ってコンデンサーにどれだけ充電できるかを考えました。太陽電池は，光を照射されると電気を使わないときでも発電を続けます。そこで，太陽電池を充電に使おうという活用が広がっています。その場合，**太陽電池の特性（定数 r，s，V_0），照射光の強度 P_0，コンデンサーの電気容量 C によって充電できる電荷 Q が決まる**のです。無尽蔵に充電できるわけではないのですね。

さて，続く設問Ⅱでは，太陽電池から抵抗（負荷）へ電流を流すことを考えます。充電に利用するのではなく，太陽電池で発電した電気をそのまま使用するということです。こちらのほうが，一般的な太陽電池の利用法といえるでしょう。

Ⅱ　図５のように，太陽電池の端子間に抵抗値 R の抵抗を接続し，強度 P_0 の光を照射した。R を変化させたとき，ある R_0 を境に，$R \leqq R_0$ の範囲では，抵抗を流れる電流 I が R によらず sP_0 となり，$R > R_0$ の範囲では，R の増加とともに電流 I が減少した。

(1)　R_0 を求めよ。

(2)　$R > R_0$ のときの電流 I を，P_0，r，s，V_0，R を用いて表せ。

(3)　r が R_0 に比べて十分小さいとき，抵抗で消費される電力が最大となる R の値と，そのときの電力を求めよ。

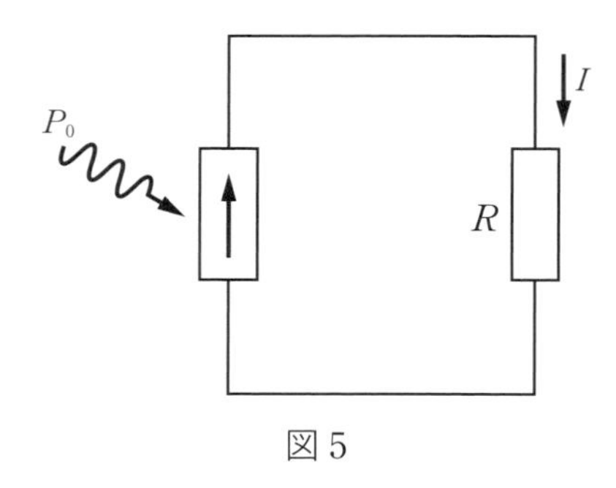

図５

太陽電池に接続する抵抗がある値を超えると，流れる電流が小さくなります。また，抵抗値によって消費電力が変動します。ここからは，そのことを考察していきます。この場合も，電流 I が変化しはじめる境目は，太陽電池の端子電圧が V_0 となるときです。

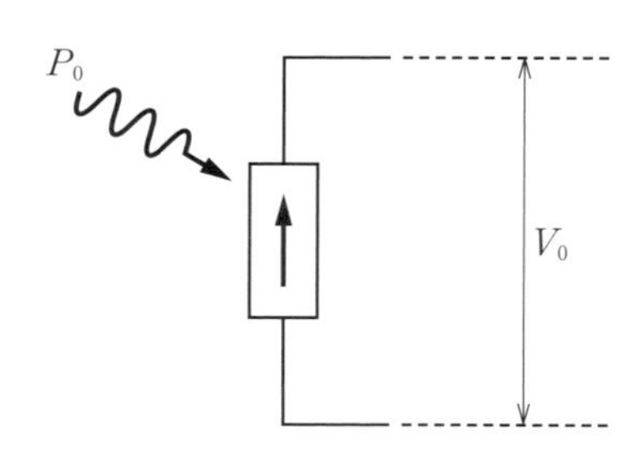

ここでは，抵抗 R に電流 I が流れることで電圧 RI が生じます。

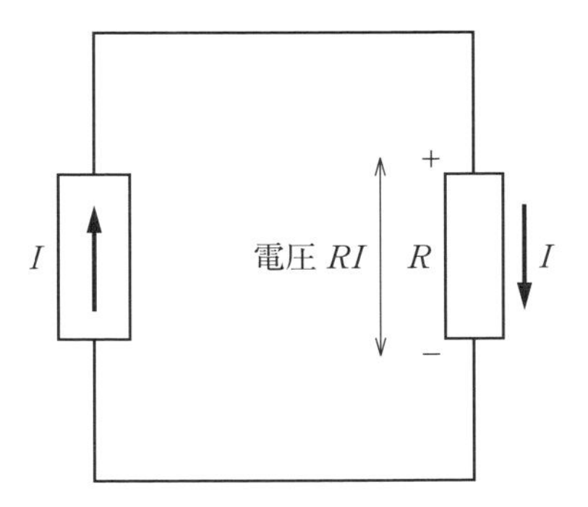

抵抗値が R_0 となるとき，流れる電流は sP_0 です。そして，このとき抵抗に生じる電圧がちょうど V_0 になるので，$V_0=R_0\cdot sP_0$ であり，これより R_0 が求められます。

$$R_0=\frac{V_0}{sP_0} \quad \cdots\cdots \text{（答）}$$

そして，抵抗値が R_0 を超えると流れる電流 I が減少しはじめます。その値は，導入文から次のようになります。

$$I=sP_0-\frac{1}{r}(V-V_0)$$

このとき抵抗に生じる電圧 $V=RI$ になるので，これを代入して整理すると，電流 I が次のように求められます。

$$I=sP_0-\frac{1}{r}(RI-V_0) \qquad \therefore\ I=\frac{V_0}{R+r}\left(1+\frac{rsP_0}{V_0}\right) \quad \cdots\cdots \text{（答）}$$

このように，電流 I は抵抗 R の値によって変わるので，その消費電力は以下のように場合分けをして考える必要があります。

・$R \leqq R_0$ のとき，

流れる電流は一定値 sP_0 なので，

消費電力 $=R(sP_0)^2$

これは，$R=R_0$ のときに最大となります。

最大消費電力 $=R_0(sP_0)^2=V_0sP_0$

・$R>R_0$ のとき，

設問Ⅱ(1)の答えから $sP_0=\dfrac{V_0}{R_0}$ なので，

$$\text{電流 } I=\frac{V_0}{R+r}\left(1+\frac{rsP_0}{V_0}\right)=\frac{V_0}{R+r}\left(1+\frac{r}{R_0}\right)$$

$$\text{消費電力}=R\left(\frac{V_0}{R+r}\right)^2\left(1+\frac{r}{R_0}\right)^2=R\left(\frac{\frac{V_0}{R}}{1+\frac{r}{R}}\right)^2\left(1+\frac{r}{R_0}\right)^2$$

$$=R\left(\frac{V_0}{R}\right)^2\left(1+\frac{r}{R}\right)^{-2}\left(1+\frac{r}{R_0}\right)^2$$

$$\fallingdotseq\frac{{V_0}^2}{R}\left(1-2\frac{r}{R}\right)\left(1+2\frac{r}{R_0}\right)$$

Note

$x\ll1$ のとき，$(1+x)^\alpha\fallingdotseq1+\alpha x$ と近似できることを利用しています。

ここで，$r\ll R_0$ であることから，この値はおよそ $\dfrac{{V_0}^2}{R}$ であるとわかります。また，$R>R_0$ なので，この値は $\dfrac{{V_0}^2}{R_0}=V_0sP_0$ よりも小さいこともわかります。

以上の考察から，**（答）抵抗での消費電力が最大となるのは $R=R_0$ のときであり，その値は V_0sP_0 である**と求められます。このように，**太陽電池から最も効率よくエネルギーを得るためには，その特性に合わせた抵抗値の抵抗を選ぶことが必要**だとわかります。

7.3 電源よりも高い電圧を得る方法①

章の最後に，利用する電源よりも高い電圧を発生させる方法を2つ続けて紹介します。もちろん，何も装置を使わずにそのようなことができるわけではありません。コイルやコンデンサーといった回路素子を用いることで，そのようなことが可能になるのです。単なる回路素子であるコイルやコンデンサーによって，どうして電源よりも高い電圧が生み出されるのでしょうか？コイルやコンデンサーの性質を理解すると，その仕組みがみえてきます。

ここでは，2006年（平成18年）の東大入試問題を通して，コイルを利用する方法を考えます。まずは，導入文を確認しましょう。

Lead

真空放電による気体の発光を利用するネオンランプは，約80 V以上の電圧をかけると放電し，電流が流れ点灯する。したがって，起電力が数 V の乾電池のみでネオンランプを点灯させることはできない。しかし，コイルおよびスイッチと組み合わせることにより，短時間ではあるがネオンランプを点灯させることができる。

ここでは，図1の電圧－電流特性を持つネオンランプを起電力9.0 Vの乾電池で点灯させることを考える。図2のように，乾電池，コイル，およびスイッチを直列につなぎ，ネオンランプをコイルと並列につなぐ。コイルの自己インダクタンスLを1.0 H，コイルの抵抗を35 Ω，乾電池の内部抵抗を10 Ω，ネオンランプの端子Bを基準とする端子Aの電位をV_Aとする。ただし，ネオンランプに流れる電流の大きさは，端子A，Bのどちらが正極であっても図1で与えられるとする。また，ネオンランプの電気容量，コイル以外の回路の自己インダクタンスは無視できるほど小さく，ネオンランプの明るさはネオンランプを流れる電流の大きさに比例するものとする。

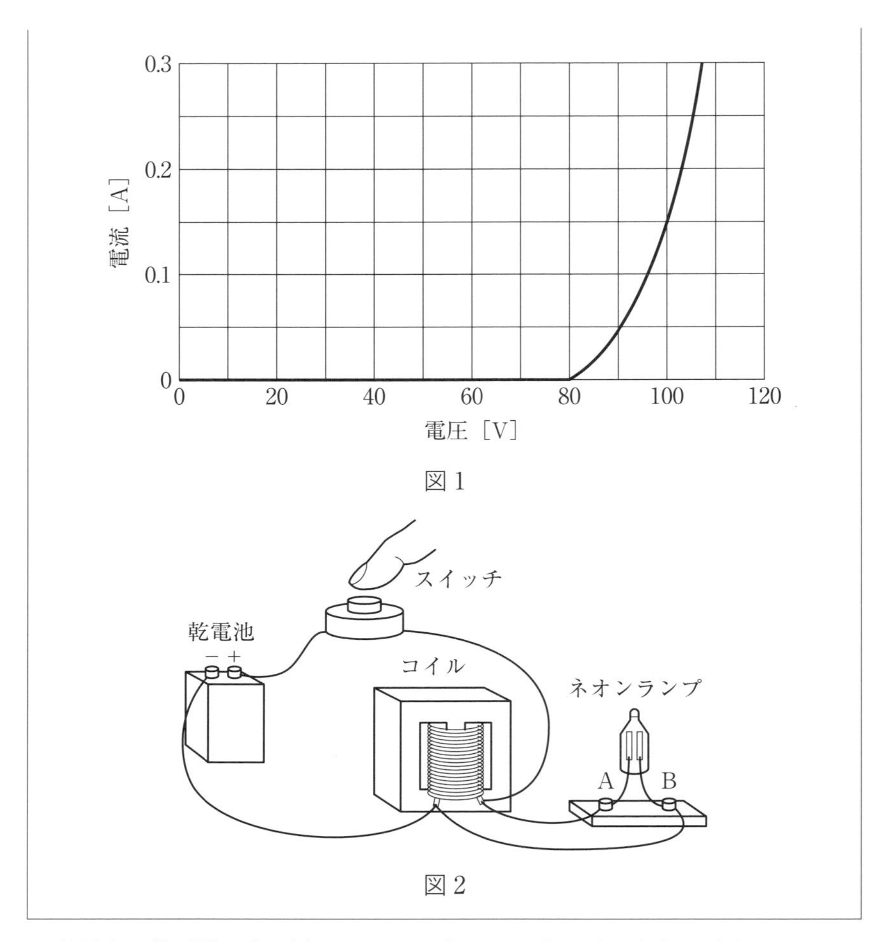

図1

図2

利用する乾電池の起電力は9.0 Vです。これをコイルと組み合わせて80 V以上の電圧を発生させ，ネオンランプを点灯させる方法を検討しようというわけです。その方法を，設問に沿って確認していきましょう。

Ⅰ　時刻 $t=t_0$ に回路のスイッチを入れたが，ネオンランプは点灯しなかった。

(1)　スイッチを入れた直後の V_A の大きさと符号を求めよ。

(2)　スイッチを入れてしばらくすると，回路を流れる電流は一定となった。このときのコイルを流れる電流の大きさ，および V_A の大きさと符号を求めよ。

設問Ⅰでは，スイッチを入れた後に起こる現象を考えます。回路中にコイルが組み込まれている場合，コイルには自己誘導が生じます。自己誘導とは，「**自己に起こる変化を自分自身で妨げる**」現象です。スイッチがオフのとき，コイルには電流が流れていません。この状態でスイッチを入れると，乾電池の働きによってコイルには電流が流れようとします。そのような変化をコイル自身が妨げる，つまり電流が流れようとするのを邪魔するのが自己誘導なのです。したがって，コイルによる自己誘導のため，スイッチを入れた直後は，回路に流れる電流が0（ゼロ）となります。

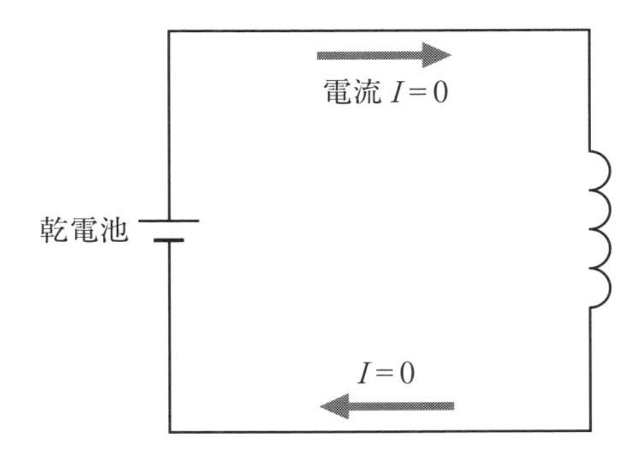

このとき，コイルに生じる誘導起電力は，電源の電圧（乾電池の起電力）と等しく9.0 V となります。そして，ネオンランプはコイルと並列につながれているので，**（答）ネオンランプにも 9.0 V の電圧がかかる**ことになります。このとき，端子 A のほうが端子 B より高電位となるので，**（答）符号は「正」**です。

さて，その後，時間が経つと回路を流れる電流は一定となります。つまり，コイルを流れる電流の変化が0になるわけです。コイルに生じる自己誘導は自身の「変化を妨げる」ものなので，変化が起こらなければ自己誘導は生じません。つまり，時間が経過すると，「コイルの自己誘導起電力＝0」になる

ということです。したがって，回路には乾電池の電圧だけによって電流が流れることになります。その値は，

$$\frac{9.0\ \mathrm{V}}{35\ \Omega+10\ \Omega}=0.20\ \mathrm{A}$$

そして，コイルの抵抗が 35 Ω であることから，コイルの電圧 V_A は，

$$V_A=35\ \Omega\times0.20\ \mathrm{A}=7.0\ \mathrm{V}$$ ……**（答）**

このとき，端子 A のほうが端子 B より高電位となるので，**（答）符号は「正」**です。

それでは，続く設問Ⅱです。次は，スイッチを入れて十分時間が経った後にスイッチを切ったとき，その後の様子がどうなるのかを考えます。

Ⅱ　回路を流れる電流が一定になった後，時刻 $t=t_1$ にスイッチを切った。その後，ネオンランプは図３のように時間 T だけ点灯した。

⑴　点灯が始まった直後にネオンランプを流れる電流の大きさを求めよ。

⑵　図１（p.238）を利用して，ネオンランプの点灯が始まった直後の V_A の大きさと符号を求めよ。

⑶　ネオンランプの点灯が始まった直後，および点灯が終わる直前にコイルに生じている誘導起電力の大きさを，それぞれ求めよ。

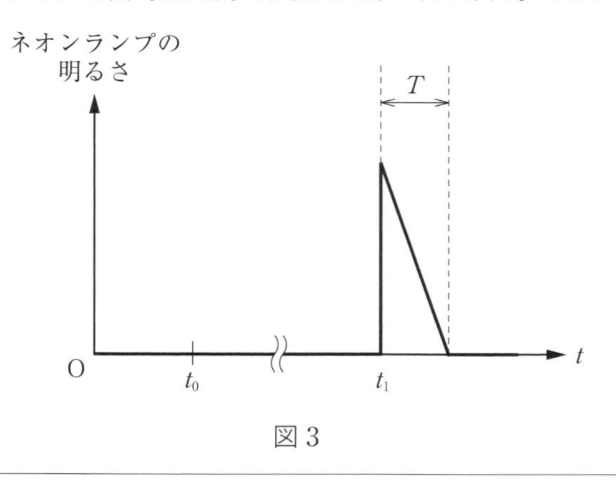

図３

スイッチを切ると，ネオンランプの点灯が起こるようです。ということは，80 V 以上の電圧が発生したということなのですが，一体どこから生じたのでしょう？　それを考察するのが，この設問Ⅱです。

スイッチを切る直前まで，回路には 0.20 A の電流が流れていました。その状態でスイッチを切るわけですが，このときにも，やはりコイルには自己誘導が生じます。この場合は，スイッチを切ることで電流が消えようとするわけですが，コイル自身がその変化を妨げるのです。その働きにより，スイッチを切った直後には，スイッチを切る直前と同じ大きさ 0.20 A の電流が流れ続けるのです。

スイッチを切った後，コイルとネオンランプは直列につながれます。よって，コイルに 0.20 A の電流が流れている瞬間，**(答) ネオンランプにも 0.20 A の電流が流れている**のです。そして，ネオンランプに流れる電流の値がわかれば，図 1 を利用してネオンランプにかかる電圧の値も求められます。

電流が 0.20 A のときの電圧を図 1 のグラフから読み取ると，およそ **(答) 103 V** です。ただしコイルには，電流を維持するために端子 B のほうが高電位となる自己誘導起電力が生じますので，**(答) 符号は「負」**（つまり −103 V）となります。

ここで，ネオンランプにかかる電圧は 103 V ですが，コイルに生じる自己誘導起電力は 103 V よりも大きな値であることに注意が必要です。このことは，以下のように理解できます。

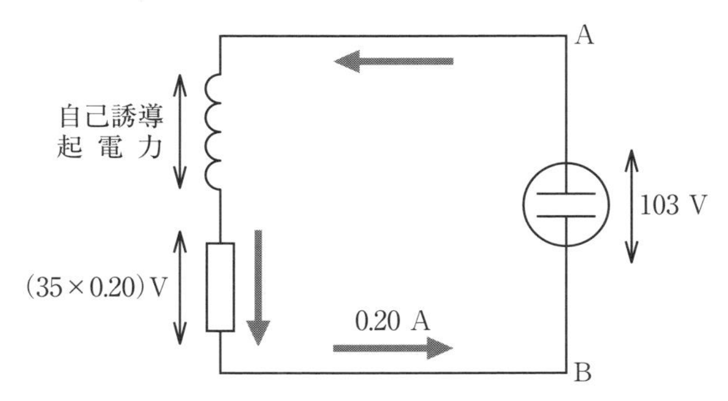

コイルでは，起電力が生じるだけでなく内部抵抗による電圧降下も起こる

上の図から，**(答) ネオンランプの点灯が始まった直後のコイルの自己誘導起電力は (103＋7＝) 110 V** であることがわかります。そして，その後，時間が経つにつれてコイルの自己誘導起電力は低下していき，回路を流れる電流は減少していきます。回路の電流が 0 A になると，ネオンランプの点灯が終了します。そのときには，コイルの内部抵抗での電圧降下は 0 V になります。また，ネオンランプにかかる電圧は，図 1 より 80 V になることが読み取れます。

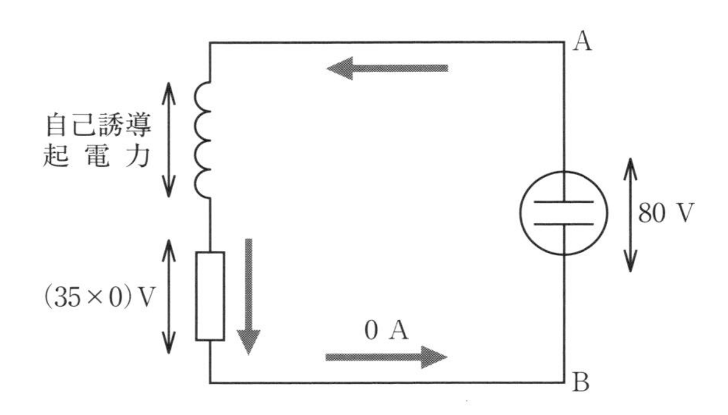

よって，**(答) ネオンランプの点灯が終わる直前のコイルの自己誘導起電力は 80 V** と求められます。

このように，コイルの自己誘導起電力を利用すると，瞬間的には 110 V という高電圧を発生させられることがわかりました。そうして，80 V の高電圧が必要なネオンランプを点灯させられるのですね。

それでは，この点灯はどのくらいの時間続くのでしょう？　それを考察するのが，次の設問Ⅲです。

Ⅲ　ネオンランプの点灯時間 T のおおよその値を求めたい。計算を簡単にするため，点灯中にコイルに生じている誘導起電力の大きさは一定値 V_1 であると近似する。

(1)　点灯が始まった直後にネオンランプを流れる電流の大きさを I_1 と

する。点灯時間 T を V_1，I_1，L を用いて表せ。

(2)　設問Ⅲ(1)の結果に V_1，I_1，L の値を代入し，点灯時間 T を有効数字 1 桁で求めよ。ただし，V_1 の値を設問Ⅱ(3)の結果を参考にして，適当に定めてよい。

コイルの自己誘導起電力は，$-L\dfrac{dI}{dt}$ と表すことができます。この大きさが V_1 で一定であることから，

$$-L\frac{dI}{dt}=V_1 \qquad \therefore\ \frac{dI}{dt}=-\frac{V_1}{L}$$

この $\dfrac{dI}{dt}$ は電流の変化量 dI を変化にかかった時間 dI で割ったものなので，$\dfrac{dI}{dt}$ に点灯時間 T をかけると電流の変化量 dI となります。その値は $0-I_1=-I_1$ であることから，次の関係が成り立ち，T が求められます。

$$\frac{dI}{dt}\times T=-I_1 \qquad \therefore\ T=\frac{LI_1}{V_1}$$ ……（答）

そして，ここへ具体的な数値を代入して計算することで，実際に点灯時間がどの程度であるか知ることができます。点灯開始直後の電流 $I_1=0.20$ A，コイルの自己インダクタンス $L=1.0$ H です。また，コイルの自己誘導起電力 V_1 の値は実際には 110 V から 80 V まで変化しますが，それを一定値と考える場合にはおよそ 100 V と考えることができます（図 1 より，110 V と 80 V の中央値 95 V より，平均値はやや高くなることがわかります）。これらの値を用いて，具体的な T の値が次のように求められます。

$$T=\frac{LI_1}{V_1}=\frac{1.0\ \text{H}\times 0.20\ \text{A}}{100\ \text{V}}=0.0020\ \text{s}$$ ……（答）

実際のネオンランプの点灯時間は，非常に短いことがわかりますよね。

以上のように，**コイルの自己誘導を利用することで，回路の電源よりも**

ずっと高い電圧が得られることがわかりました。ただし，高電圧を得られる時間はわずかです。

なお，コイルの自己誘導は，真空放電などを起こすのに利用する誘導コイル（数万ボルトの高電圧を発生させられる）でも利用されています。

7.4 電源よりも高い電圧を得る方法②

7.3（p.237）では，コイルの自己誘導を利用して，電源よりも高い電圧を得る方法を紹介しました。次に扱う問題でも，同じく電源よりも高い電圧を得る方法について考えていきます。ただし，**利用するのはコイルではなくコンデンサー**です。コンデンサーをどのように利用すれば，電源よりも高い電圧を発生させられるのでしょう？

2011 年（平成 23 年）の東大入試問題を解きながら，その方法をみていきます。まずは，導入文を確認しましょう。

Lead

電気製品によく使われているダイオードを用いた回路を考えよう。簡単化のため，ダイオードは図 1 のようなスイッチ S_D と抵抗とが直列につながれた回路と等価であると考え，P の電位が Q よりも高いか等しいときには S_D が閉じ，低いときには S_D が開くものとする。なお以下では，電池の内部抵抗，回路の配線に用いる導線の抵抗，回路の自己インダクタンスは考えなくてよい。

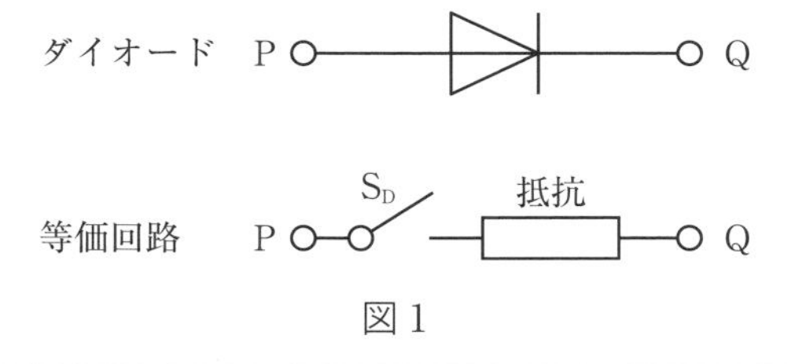

図 1

まず，設問 I では比較的単純な回路を考えます。ここへコンデンサーとダイオードを加えていくと複雑な回路になりますが，それについては設問 II で考察します。

Ⅰ　図2のように，容量 C のコンデンサーを2個，ダイオード D_1，D_2，スイッチS，および起電力 V_0 の電池2個を接続した。最初，スイッチSは $+V_0$ 側にも $-V_0$ 側にも接続されておらず，コンデンサーには電荷は蓄えられていないものとする。点Gを電位の基準点（電位0）としたときの点 P_1，P_2 それぞれの電位を V_1，V_2 とする。

(1)　まず，スイッチSを $+V_0$ 側に接続した。この直後の V_1，V_2 を求めよ。

(2)　設問Ⅰ(1)の後，回路中の電荷移動がなくなるまで待った。このときの V_1，V_2 を求めよ。

(3)　設問Ⅰ(2)の後，スイッチSを $-V_0$ 側に切り替えた。この直後の V_1，V_2 を求めよ。

(4)　設問Ⅰ(3)の後，回路中の電荷移動がなくなったときの V_1，V_2 を求めよ。

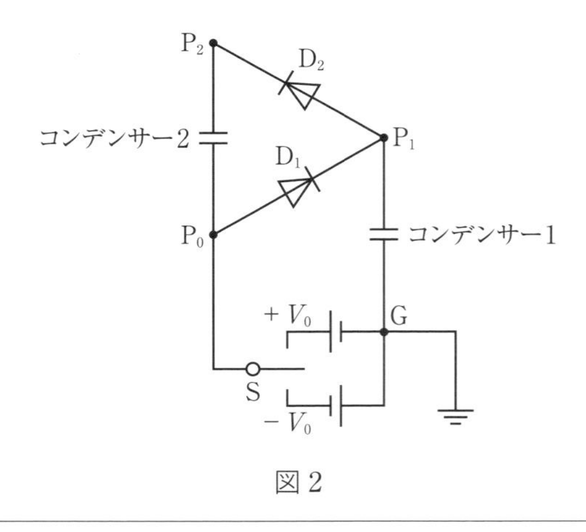

図2

スイッチSを $+V_0$ 側に接続した直後には，コンデンサー1に電荷は蓄えられていません。よって，この瞬間のコンデンサー1の電圧は0（ゼロ）です。また，コンデンサー2には電流が流れないので，電圧は0となります（ダイオード D_2 が逆方向になるため，電流が流れません）。

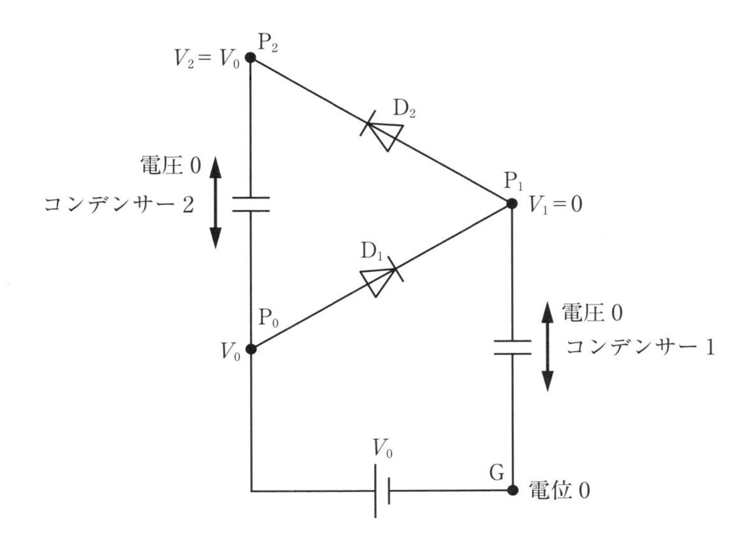

Note

「電圧＝電位差」なので，電圧 0 のコンデンサーの両端の電位は等しくなります。

以上のことから，**(答) $V_1=0$, $V_2=V_0$** であることがわかります。

そして，この後ダイオード D_1 には電流が流れますが，十分時間が経てば電流が流れなくなります。電流が流れなくなるのは，ダイオード D_1 にかかる電圧が 0 となるときです。このとき，コンデンサー 1 の電圧は V_0 となり，充電が完了します。

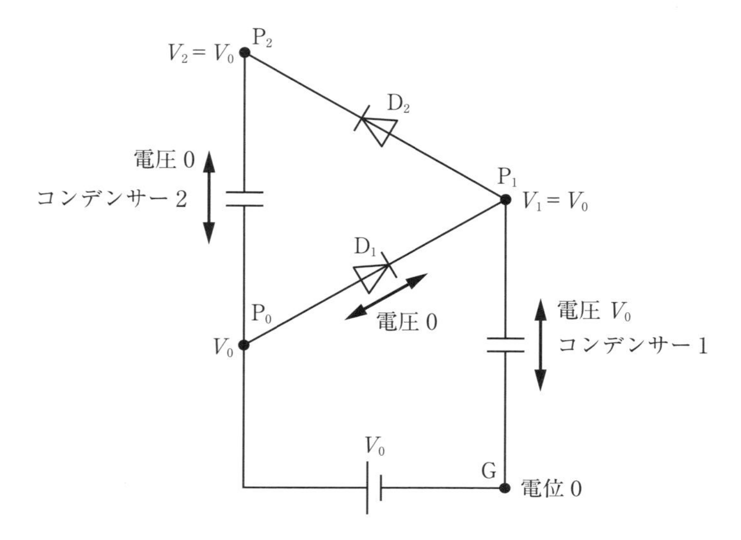

このとき，<u>（答）$\boldsymbol{V_1 = V_0}$，$\boldsymbol{V_2 = V_0}$</u> であることがわかります。

その後，スイッチSを切り替えます。切り替えた直後では，コンデンサー2は空っぽのままです。また，コンデンサー1の電圧は V_0 のままです。

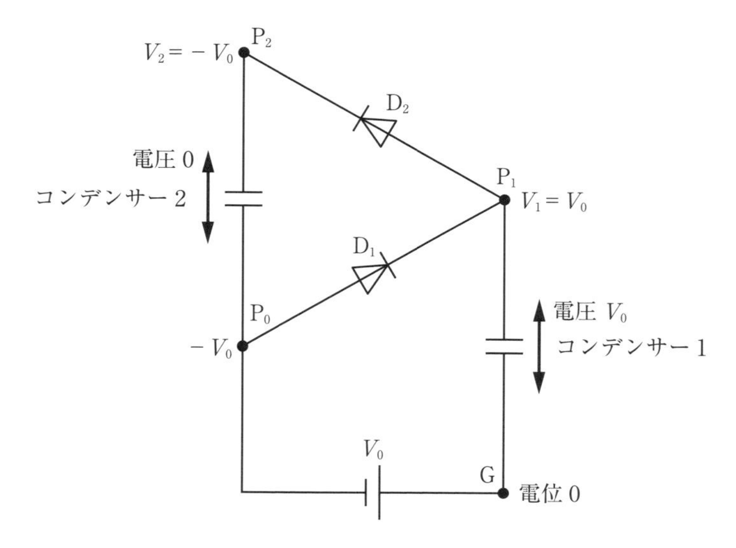

以上より，<u>（答）$\boldsymbol{V_1 = V_0}$，$\boldsymbol{V_2 = -V_0}$</u> であることがわかります。

そして，この後ダイオード D_2 には電流が流れますが，十分時間が経てば流れなくなります。そのときが，コンデンサーの充電が完了するときです。つまり，ダイオード D_2 にかかる電圧は 0 となるわけです。

また，このときコンデンサー 1 からコンデンサー 2 へ電荷が移動します。移動する電荷を ΔQ とすると，

$$\text{コンデンサー1の電圧の}\textbf{減少}=\text{コンデンサー2の電圧の}\textbf{増加}=\frac{\Delta Q}{C}$$

つまり，コンデンサー 1 の電圧が減少した分だけ，コンデンサー 2 の電圧が増加するのです。その変化量を ΔV とすると，次のように表せます。

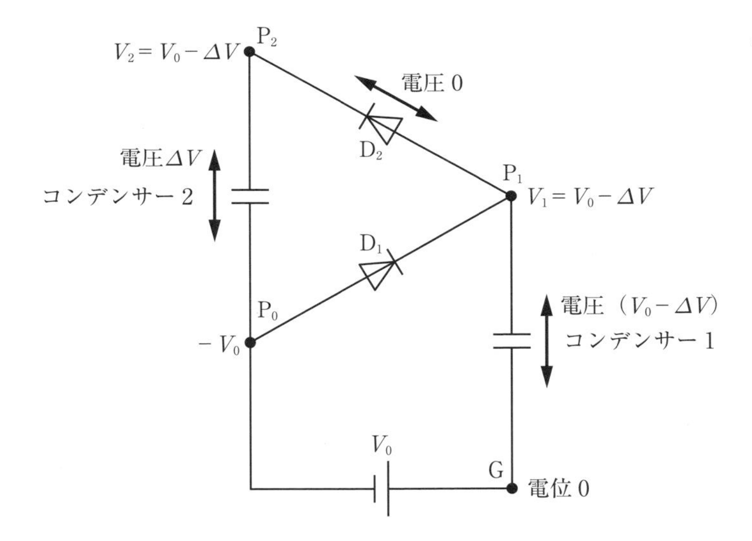

点 P_0 の電位は $-V_0$ ですが，上の図から，点 P_2 より電位が ΔV だけ低いこともわかります。点 P_2 の電位 $V_2=V_0-\Delta V$ なので，さらに ΔV だけ低い $V_0-2\Delta V$ ということです。したがって，$-V_0=V_0-2\Delta V$ という関係が成り立ち，ここから $\Delta V=V_0$ であるとわかります。これらのことから，**(答) $V_1=V_2=0$** と求められるのです。

以上，設問 I では，スイッチ S を切り替えることで各点の電位がどのように変化するのか，その求め方を確認しました。

Ⅱ　図2の回路に多数のコンデンサーとダイオードを付け加えた図3の回路は，コッククロフト・ウォルトン回路と呼ばれ，高電圧を得る目的で使われる。いま，コンデンサーの容量はすべてCとし，最初，スイッチSは$+V_0$側にも$-V_0$側にも接続されておらず，コンデンサーには電荷は蓄えられていないとする。

スイッチSを$+V_0$側，$-V_0$側と何度も繰り返し切り替えた結果，切り替えても回路中での電荷移動が起こらなくなった。この状況において，スイッチSを$+V_0$側に接続したとき，点P_{2n-2}と点P_{2n-1}の電位は等しくなっていた（$n=1, 2, \cdots\cdots, N$）。また，スイッチSを$-V_0$側に接続したとき，点P_{2n-1}と点P_{2n}の電位は等しくなっていた（$n=1, 2, \cdots\cdots, N$）。スイッチSを$+V_0$側に接続したときの点P_{2N-1}，P_{2N}の電位V_{2N-1}，V_{2N}をNとV_0で表せ。なお，点Gを電位の基準点（電位0）とせよ。

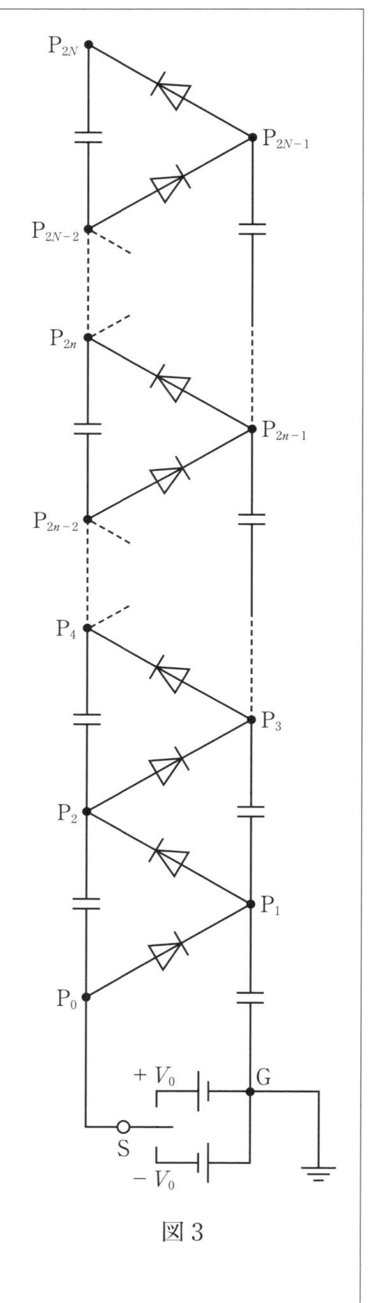

図3

問題文でも紹介されているように，図３は**コッククロフト・ウォルトン回路**という回路で，電源よりも高電圧を得ることができる実際に使用されている回路です。この回路にはたくさんのコンデンサーが利用されていることがわかりますよね。

それでは，設問Ⅱを解くことで高電圧を得る仕組みを理解しましょう。問題文を手がかりにして，スイッチを切り替えることで，どのような変化が生じるのかを確認していきます。

まず，スイッチＳを $+V_0$ 側へ接続します。このとき，点 P_0 は点Ｇ（電位0）よりも電池の電圧 V_0 だけ電位が高くなるので，その電位は V_0 です。そして問題文から，点 P_1 の電位もこれと等しく V_0 になることがわかります。さらに，コンデンサー１の電圧（点Ｇと点 P_1 の電位差）が V_0 になることもわかります。

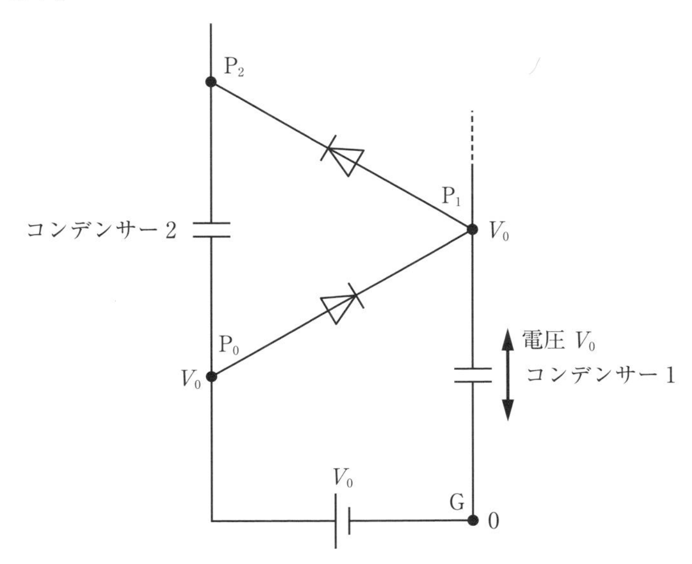

次に，スイッチＳを $-V_0$ 側へ接続します。このときは，点 P_0 は点Ｇよりも電池の電圧 V_0 だけ電位が低くなるので，その電位は $-V_0$ です。しかし，点 P_1 の電位は V_0 のまま変わりません。それは，コンデンサー１の電荷が移動せず電圧が V_0 に保たれるからです。さらに，点 P_2 の電位は点 P_1 と等しく V_0 となることが問題文からわかります。

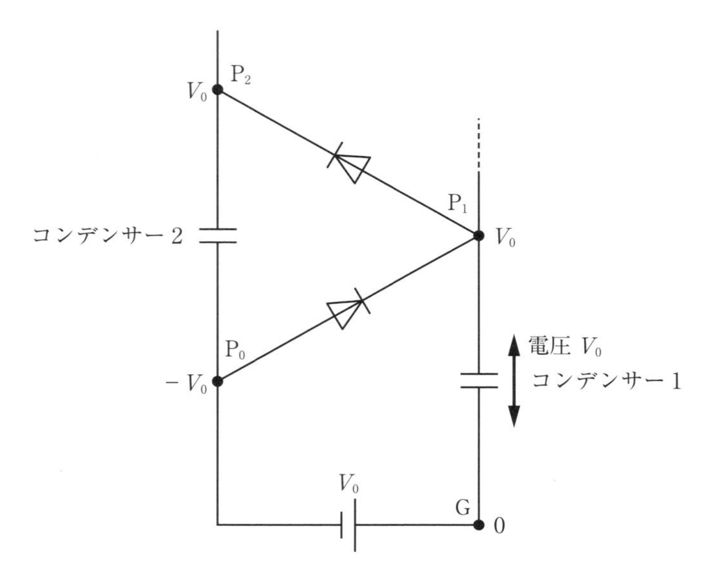

このとき次のように，コンデンサー2の電圧（点 P_0 と点 P_2 の電位差）が $2V_0$ になることがわかります。

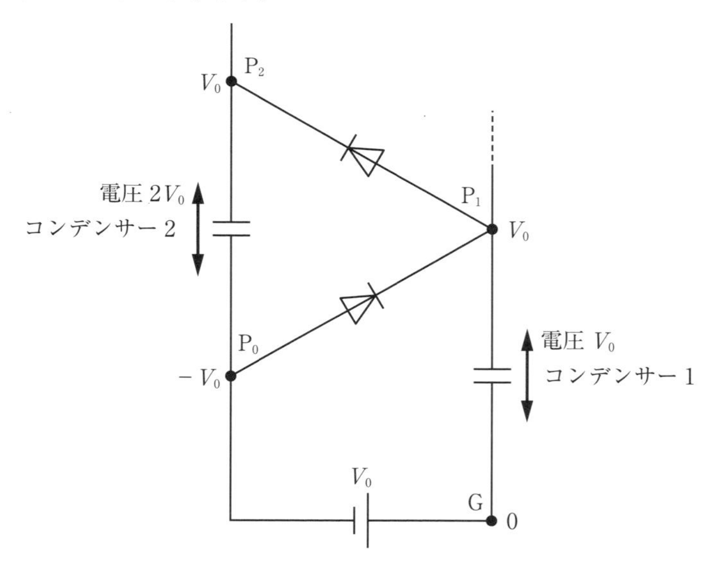

そして，再びスイッチSを $+V_0$ 側へ接続します。このときの様子も，ここまでと同様に考えることができます。点 P_0 と点 P_1 の電位は，最初にスイッチSを $+V_0$ 側へつないだときと同じく V_0 になります。そして，コンデ

ンサー2の電荷が移動せず電圧が$2V_0$に保たれることから，点P_2の電位は点P_0よりも$2V_0$高い$3V_0$となります。さらに，点P_3の電位は点P_2の電位$3V_0$と等しくなることが問題文からわかります。

この結果，コンデンサー3の電圧が$2V_0$になることもわかるのです。

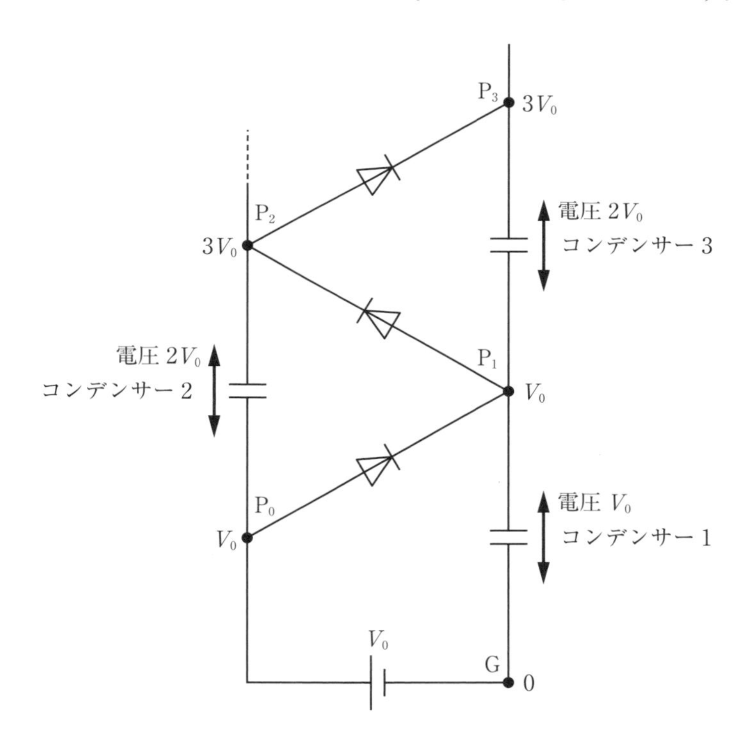

以上のように各コンデンサーの電圧を1つずつ検証していくと，コンデンサー1だけは電圧がV_0であり，他のコンデンサーはすべて電圧$2V_0$となることがわかります。よって，スイッチSを$+V_0$側へ接続したときの点P_{2N-1}，P_{2N}の電位V_{2N-1}，V_{2N}は次のようになります。

$$V_{2N-1}=V_0+2V_0\times(N-1)=(2N-1)V_0 \quad \cdots\cdots \text{(答)}$$

$$V_{2N}=V_0+2V_0\times N=(2N+1)V_0 \quad \cdots\cdots \text{(答)}$$

これらの値はNが大きいほど，つまり**コンデンサーをたくさん接続する**

ほど大きくなります。例えば，$N=10$ のとき（ダイオードとコンデンサーを20個ずつ接続するとき）は，$V_{2\times10}=(2\times10+1)V_0=21V_0$ となります。点G（電位0）との電位差は $21V_0$ ですから，電源電圧の21倍もの電圧が得られるということです。

ダイオードとコンデンサーをたくさん接続するほど高電圧を得られるというのが，コッククロフト・ウォルトン回路の特徴だとわかりますね！

〈著者紹介〉
三澤信也（みさわ　しんや）
長野県生まれ．東京大学教養学部基礎科学科卒業．
長野県の中学，高校にて物理を中心に理科教育を行っている．
著書に『分野をまたいでつながる高校物理』（オーム社），『共通テスト物理　実験・資料の考察問題26』（旺文社，共著），『図解　いちばんやさしい最新宇宙』『図解　いちばんやさしい相対性理論の本』『こどもの科学の疑問に答える本』『東大式やさしい物理』（以上，彩図社）がある．
また，ホームページ「大学入試攻略の部屋」を運営し，物理・化学の無料動画などを提供している．
http://daigakunyuushikouryakunoheya.web.fc2.com/

入試問題で味わう東大物理

2020年11月25日　第1版第1刷発行
2022年 3 月10日　第1版第3刷発行

著　者　三澤信也
発行者　村上和夫
発行所　株式会社 オーム社
郵便番号　101-8460
東京都千代田区神田錦町 3-1
電話　03(3233)0641(代表)
URL　https://www.ohmsha.co.jp/

印刷・製本　三美印刷
ISBN978-4-274-22627-4　Printed in Japan